演習でまなぶ
情報処理の基礎

鶴田陽和 編著

稲岡秀検・守田憲崇
伊与 亨・有阪直哉 著

朝倉書店

執筆者一覧

有阪 直哉（ありさか なおや）	北里大学医療衛生学部助教・修士（医科学）
稲岡 秀検（いなおか ひでのり）	北里大学医療衛生学部教授・博士（工学），博士（医学）
伊与 亨（いよ とおる）	北里大学医療衛生学部講師・博士（学術）
鶴田 陽和（つるた はるかず）	北里大学医療衛生学部教授・博士（医学），修士（工学）
守田 憲崇（まもりた のりたか）	北里大学医療衛生学部講師・博士（医学）

（五十音順）

まえがき

　本書は，大学や専門学校の1年生が入学後にはじめてコンピュータと情報処理について学ぶための教科書として書かれたものである．
　私たちが「医療系学生のためのコンピュータ入門」というタイトルで朝倉書店から情報演習の教科書を刊行したのは今から23年前の1994の春であった．それ以来，IT技術の進化と受講生や教科書を使って実際に授業をされた講師の先生方からの意見を受け，ほぼ5年おきに改訂を重ねてきた．この間にこの教科書で学んだ学生の数は1万人を超える．今回は5年ぶりの改訂だが，日本における情報処理教育の現状を考慮に入れて，次のような方針で改訂に臨んだ．

　①医療系の学生に限定せず，どのような分野の学生にも有用な教科書とする
　大学生や社会人1年生が学ぶべきITの基本は分野により異なるものではない．今回の改訂では，高校を卒業したばかりの学生や社会人1年生が習得すべき基本技術と必要な知識を洗い直し，コンピュータとネットワークの仕組み，データ表現の基礎など最低限必要な知識と，ワープロ，表計算ソフト，プレゼンテーション，Webページの作り方の基本を網羅するようにした．合わせて本のタイトルから「医療系」をはずして「演習で学ぶ情報処理の基礎」とした．

　②演習書としてだけでなく，独習可能な教科書とする
　学生向けの演習書や教科書は，先生の説明が加わってはじめて理解できるよう書かれていることが多い．演習書としてはそれで十分なのだが，学生が自宅で独力で勉強をしたいときには不便である．今回の改訂では，高校を卒業したばかりの学生が自宅で独習をしても全てが理解できることを目指した．そのため，これまでの版と比べるとページ数がかなり増えたが，この教科書の内容をマスターしておけば，在学中に遭遇するたいていの問題は乗り切れるはずである．

　③演習に使用する教材を提供する
　この教科書で取り上げた例題と演習問題は，読者が自習する際の便を考えて以下の朝倉書店のWebページから入手できるようにした．

　　　　https://www.asakura.co.jp/books/isbn/978-4-254-12222-0/

④ネットワーク・リテラシーについても必要な知識を解説する

　WWW，電子メール，SNSなどのサービスは大変便利だが，使い方を間違えたために自分が被害を受けたり他人に迷惑をかけるという例が後を絶たない．トラブルが起きると大変な苦労をすることになる．そこで，インターネット上のサービスの使い方とそれぞれを利用するときの注意事項を整理して説明した．

⑤さまざまな実行環境に配慮する

　本書の例題や演習問題の実行環境はOSとしてはWindows 7〜10を想定し，基本的なアプリケーションはMicrosoft Office2016を用いている．しかし，もっと前の版のOfficeを使っている方も多いと思われる．したがって，できるだけ細かい版の違いの影響を受けない説明を心がけた．

⑥学習内容の選択と時間配分

　この本は全部で12章からなるが，1年生の半期15コマであれば，第1〜7章のコンピュータの基本的な仕組み，ネットワーク・リテラシー，ワープロ，表計算ソフト，プレゼンテーションの技術くらいが量的には適切であろう．しかし，工学的色彩の強い分野であれば，その後の情報処理関連カリキュラムへのつながりを考慮して，第8〜12章の内容も適宜選択した構成にすることができるし，年間30コマあれば全章の学習が可能である．

　自分が通っている学校では半年の情報演習はあるが，アプリケーションの使い方が主でコンピュータの仕組みについてもっと勉強したいという方も少なくないと思う．その場合は，この本の中で学校では習わなかった範囲を独習すれば，コンピュータを勉学と仕事に活用するために必要な知識が身につくはずである．演習書としてだけでなく独学にも活用していただきたいというのが，今回の改訂に当たっての著者らの願いである．

2017年3月

著　　者

目次

1. コンピュータ入門 ……………………………………………〔鶴田陽和〕… 1
   1.1 ハードウェア *1* ／ 1.2 ソフトウェア *5* ／ 1.3 Windows の基本的な操作方法 *8* ／ 1.4 ファイルシステムとファイル操作 *10*

2. インターネットの利用とネット社会のリテラシー …………〔鶴田陽和〕… 14
   2.1 インターネット上のサービス *14* ／ 2.2 LAN 内のサービス *16* ／ 2.3 WWW を利用する *16* ／ 2.4 電子メール *18* ／ 2.5 インターネットにおけるトラブルと自己防衛 *21*

3. ワープロ ……………………………………………………〔稲岡秀検〕… 24
   3.1 ワープロの概要 *24* ／ 3.2 日本語入力システム *24* ／ 3.3 Word 2016 の概要 *25* ／ 3.4 ファイルの作成と保存 *26* ／ 3.5 フォント―大きさや書体の設定方法 *28* ／ 3.6 データの再利用―コピー，ペースト，検索，置換 *29* ／ 3.7 オブジェクトの挿入―表，図，写真などを追加する *31* ／ 3.8 レイアウトを整える *33* ／ 3.9 ルーラーの使い方 *36* ／ 3.10 印刷 *38* ／ 3.11 その他の機能 *38*

4. 表計算ソフトウェア（1）……………………………………〔守田憲崇〕… 46
   4.1 Excel の概要 *46* ／ 4.2 Excel の基本操作 *48* ／ 4.3 Excel の演算機能 *53* ／ 4.4 表の作成 *56* ／ 4.5 グラフの作成 *56*

5. 表計算ソフトウェア（2）……………………………………〔守田憲崇〕…61
   5.1 フィルター *61* ／ 5.2 関数と分析ツール *62* ／ 5.3 ウィンドウ枠の固定 *67*

6. プレゼンテーション（1）……………………………………〔伊与 亨〕… 69
   6.1 プレゼンテーションの意義と手法 *69* ／ 6.2 プレゼンテーションソフトウェア *69* ／ 6.3 プレゼンテーションスライドの作成 *70* ／ 6.4 プレゼンテーションの保存 *88*

7. プレゼンテーション (2) 〔伊与　亨〕… 91
7.1　視覚効果の追加　*91*／　7.2　配布資料の作成　*94*／　7.3　プレゼンテーション　*95*／　7.4　プレゼンテーションのコツ　*96*

8. HTML 〔鶴田陽和〕… 100
8.1　World Wide Web（WWW）の基礎知識　*100*／　8.2　HTMLファイルの作成方法と確認方法　*101*／　8.3　HTMLとCSS　*102*／　8.4　HTMLのタグ　*105*／　8.5　CSSのプロパティ　*116*／　8.6　タグとプロパティ使用上の注意　*117*／　8.7　Webページ，SNSサイト開設・更新に関する一般的な注意　*117*／　8.8　ホームページ作成のヒント　*118*

9. ネットワーク 〔鶴田陽和〕… 119
9.1　LANとインターネット　*119*／　9.2　サーバとクライアント　*120*／　9.3　インターネット上のアドレスとドメインネーム・システム　*120*／　9.4　ネットワークの仕組み　*122*／　9.5　ネットワークの設定　*128*

10. コンピュータにおけるデータ表現 〔鶴田陽和〕… 130
10.1　2進法　*130*／　10.2　負の整数の表現方法—補数　*134*／　10.3　実数の表現方法—浮動小数点表示　*136*／　10.4　文字の表現方法　*137*／　10.5　画像，音声，動画の表現方法　*143*／　10.6　論理演算と2進数の計算　*145*

11. VBA入門 (1) 〔有阪直哉〕… 150
11.1　VBAとは　*150*／　11.2　開発環境の準備　*150*／　11.3　VBAプログラミング概要　*154*／　11.4　VBAの基本文法　*159*／　11.5　VBAの基本文法2　*187*

12. VBA入門 (2) Excelを操作する 〔有阪直哉〕… 190
12.1　オブジェクト　*190*

索　引 … 197

1 コンピュータ入門

　コンピュータは，さまざまの異なる装置が有機的に結合して1つの目的を実行する機械である．こうしたコンピュータの機械的な構成要素を**ハードウェア**と呼ぶ．しかし，コンピュータはハードウェアだけでは仕事ができず，その動作の手順を記述したプログラムがあって初めて機能する．このようなプログラムやコンピュータで再生する映像や音楽，さらにコンピュータの利用技術全般を**ソフトウェア**と呼ぶ．

　コンピュータは，ハードウェアとソフトウェアが揃って初めて機能する「システム」である．第1章ではハードウェアとソフトウェアについて最小限必要な知識を説明した後，Windowsの操作方法の基本とファイルシステムについて概説する．

1.1　ハードウェア

　人間や動物は，目や耳を使って情報を外界から取り込み（**入力**），次にそれを脳で処理し（**演算**），結果を言葉や身振りで伝える（**出力**）．情報を「**記憶**」することもでき，また，情報処理の過程全体を「**制御**」することもできる．コンピュータの情報処理の過程は，人間や動物のそれとよく似ており，入力，演算，出力，記憶，制御はコンピュータの5大機能と呼ばれ，初期のメインフレームと呼ばれる大型コンピュータはそれぞれに該当する個別の装置から構成されていた．

　その後，技術の発達に伴い各装置の小型化と集積化が進み，図1.1のような構成のコンピュータが多くなった．人間でいうと脳にあたる演算，制御，記憶を行う部分はメインボードと呼ばれる電子基板の上に実装されている．以下で順に各要素を簡単に説明する．

1.1.1　入力装置

　データやプログラムを外部からコンピュータに与えることを入力（input）と呼んでいる．入力装置の代表的なものとして**キーボード**と**マウス**がある．キーボードはどのキーが押されたかを電気的に感知して，それを2進法の信号に変えてコンピュータに手渡す．マウスは，マウスの動きをトラックボールの回転，または光により検知してx軸・y軸方向それぞれの移動量をコンピュータに知らせる．

　スキャナは絵や印刷物をコンピュータに取り込むことができる．

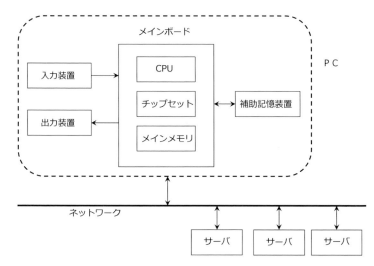

図 1.1 PC の基本構成（サーバの基本的な仕組みも PC と同じ）

1.1.2 出力装置

コンピュータの処理結果を外部に送ることを出力（output）と呼んでいる．

データを画面上で文字や画像として表示するのが，**モニタ**（ディスプレイともいう）である．液晶（liquid crystal）を利用したものを液晶ディスプレイ（LCD）と呼んでいる．光の 3 原色である，Red，Green，Blue の組み合わせですべての色を表示する（RGB カラーと呼ばれる）．

コンピュータの処理結果やプログラムを紙に印刷する必要があることも多い．このための装置がプリンタである．さまざまな印刷原理のプリンタがあるが，オフィスで文字を中心とした情報を大量に印刷したいときは**レーザープリンタ**が用いられる．レーザープリンタの動作原理はコピー機と同じで，マイナスに帯電した感光ドラムにレーザーを当てて文字の形を残し，そこにプラスに帯電させた炭素の粉（トナー）を付着させ，紙の裏からマイナスの電荷を与えてトナーを紙に転写し，転写したトナーを熱と圧力で溶着させることにより印刷を行う．

また家庭向きには，カラーのインクを微小な粒子として吹き付けることにより印刷を行う**インクジェットプリンタ**が普及している．

1.1.3 メインボード

メインボード（マザーボードとも呼ばれる）はコンピュータの演算・処理の中心となる 1 枚の基板で，その上に CPU，チップセット，メインメモリ，ファームウェア，各種インターフェースの入出力コネクタ，予備の拡張スロット（差し込み口）などが

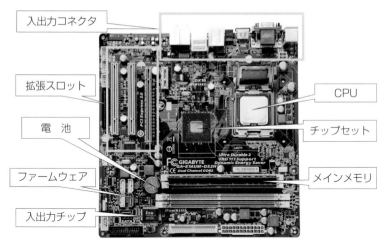

図 1.2　メインボードの基本構成

実装されており，それぞれはバスと呼ばれる信号線で結ばれている（図 1.2）．

CPU（central processing unit）はコンピュータの頭脳にあたる．パーソナルコンピュータ（以下 PC）では通常はマイクロプロセッサと呼ばれる 1 個の LSI（large scale integration；大規模集積回路）で構成されている．**チップセット**は CPU，メモリ，インターフェースなどの間のデータの受け渡しを制御するための回路群で，人間であれば心臓に例えることができる．また，その性能はコンピュータの性能を左右する．

1.1.4　メインメモリ

メインメモリは実行中のプログラムや処理中のデータを保存するために使われる．高速に読み書きできる必要があるので，電子的に読み書きができる半導体を使った **RAM**（random access memory）と呼ばれるメモリが主流である．メモリにデータを読み書きするにはデータと記憶場所（アドレス）の双方の情報が必要である．CPU はチップセットとバスを介して，またはバスを介して直接にメインメモリを読み書きすることができる．

RAM に記憶された内容はコンピュータの電源が切れると消えてしまうが，コンピュータのオン・オフに関係なく情報を保持できる **ROM**（read-only memory）と呼ばれる半導体メモリもあり，コンピュータの電源投入時にオペレーティングシステム（後述）をメインメモリに読み込むために必要なローダと呼ばれるプログラムや入出力の基本的なプログラム（**BIOS**：basic input output system）を記憶させておくのに使われる．このような，ROM に記憶されたプログラム群を**ファームウェア**と呼ぶ．

そのほかにディスプレイに表示する情報を保持するグラフィックメモリも必要であるが，速度が要求されることからメインメモリと同じく RAM が使われている．高速な画像処理が必要な場合は，専用の **GPU**（graphics processing unit）と呼ばれる CPU を別途使用して処理を行う．

1.1.5 補助記憶装置

プログラムやデータをファイルとして保存するのが**補助記憶装置**である．メインメモリの内容はコンピュータの電源がオフになると消えてしまうが，ファイルとして保存しておけば必要なときにまた読み込むことができる．**外部記憶装置**，またはファイル装置と呼ぶこともある．

ハードディスクドライブは代表的な補助記憶装置で，磁性体を塗布した円盤（disk）にデータを記憶する．記憶に際しては，ディスクを木の年輪のような同心円に分け（**トラック**と呼ぶ），さらにそれぞれのトラックをいくつかの区画（**セクター**）に等分して，セクターを単位として読み書きを行う．記憶できる容量は年々増え，現在は数百 GB（ギガバイト）〜数 TB（テラバイト）のオーダである（GB，TB などの単位については 10.1 節で解説する）．

CD（compact disc），DVD（digital versatile disc），BD（blu-ray disc）は，いずれも半導体レーザーの反射光により読み込みを行う**光ディスク**である．いずれも利用者が書き込みができない読み出し専用のタイプと追記や書き換えが可能なタイプが存在する．形状は，直径 12 cm または 8 cm，厚さ 1.2 mm の円盤状で，基盤はプラスチックでできており，情報記憶面はアルミニウムなどを蒸着する．読み書きに使うレーザー光の波長により容量が異なり，直径が 12 cm のもので，CD は約 700 MB（メガバイト），DVD は片面単層で約 4.7 GB（片面 2 層タイプや両面タイプもある），BD は約 25 GB（多層のものもある）である．

光ディスクは，同心円ではなく蚊取り線香のような螺旋状のトラックにデータを記録する．光ディスクを読み書きするための装置は，光ディスクドライブあるいは光学ドライブと呼ばれる．

入出力装置と補助記憶装置を合わせて**周辺装置**（peripheral）と呼ぶ．

1.1.6 フラッシュメモリ

ROM を改良して大容量化，低価格化を図ったのが**フラッシュメモリ**である．フラッシュメモリはユーザが書き換えることができ，従来の ROM に替わってファームウェアや各種電子機器の記憶媒体として広く普及している．後者の中で取り外し可能なタイプとして，コンパクトフラッシュ，SD メモリなどがあるが，いずれも薄くて小さいので携帯電話，デジタルカメラ，MP3 音楽プレーヤーなどの補助記憶装置として

使われている．また，PC 向けの取り外し可能な補助記憶媒体として USB コネクタで接続できるフラッシュメモリも普及していて，一般に **USB メモリ**あるいは **USB フラッシュメモリ**と呼ばれている．

フラッシュメモリの大容量化と低価格化に伴い，PC 内蔵のハードディスクの代わりにフラッシュメモリを利用することも可能になっており，**SSD**（solid state disk）あるいは Flash SSD と呼ばれている．

1.1.7 インターフェース回路

異なる装置を接続してデータの交換を実現するには，端子や信号などのハードウェアの規格やデータの伝送方式のようなソフトウェアの規格を一致させる必要がある．このような規格を**インターフェース**といい（もとは「境界面」というような意味である），それを実現するハードウェアをインターフェース回路と呼ぶ．

PC の場合，CPU やメインメモリのほかに基本的な入出力装置（キーボード，マウス，ネットワーク，ハードディスク装置，USB 機器など）のインターフェース回路も通常メインボードに実装されている．それ以外の装置のインターフェース回路は，アダプタカードと呼ばれる基盤に実装され，それをメインボードの拡張スロットにさして利用する．

1.1.8 ネットワーク

コンピュータをネットワークに接続すると，離れた場所にある別のコンピュータの機能を利用することが可能になる．キャンパスやオフィスなど限定された空間のネットワークを **LAN**（local area network）と呼ぶ．

ネットワークに接続され他のコンピュータにサービスを提供するコンピュータを**サーバ**，サービスを受けるコンピュータを**クライアント**と呼ぶ．サーバには，ディスクドライブを提供するファイルサーバ，印刷を制御するプリントサーバ，メールの送受信を行うメールサーバなど目的に応じてさまざまな種類がある．また，ネットワークを実現する物理的な方法としては，メタルケーブル（銅線），光ファイバケーブル，無線が一般的である．ネットワークの基本的な仕組みについては第 9 章で説明する．

1.2 ソフトウェア

ソフトウェアは，大きくオペレーティングシステム（基本ソフトウェアともいう），応用ソフトウェア（アプリケーションともいう），プログラミング言語に分けられる．

1.2.1 オペレーティングシステム

コンピュータのハードウェアの発達に伴い，さまざまな周辺装置が利用できるよう

になり，また複数のユーザがコンピュータを同時に利用できるなど，コンピュータの機能は高度化・複雑化してきた．このような複雑化したコンピュータシステムを活用するには，各装置の管理や複数のプログラムの制御を円滑かつ効率よく行う必要があるが，これは人間の手に余る作業である．

そこで，コンピュータシステムの管理・運用をコンピュータ自身に行わせる方法が1960年代から採られるようになった．このためのプログラム群を**オペレーティングシステム**（OS：operating system）と呼んでいる．私たちが見るコンピュータはハードウェアとOSが一体になったものである．OSは，コンピュータが機能するための基盤となるプログラム群で，主な役割としては，以下のようなものが挙げられる：

① プログラムの管理　　⑤ ネットワークのサポート
② メモリの管理　　　　⑥ ユーザの管理
③ ファイルシステムの管理　⑦ ユーザインターフェースの提供
④ 周辺装置の制御　　　⑧ 電源の管理

OSの代表的なものには，PC用としてはMicrosoft社のWindows，Apple社のmacOSがある．また，サーバ用にはUNIXが古くから使われているが，PC用のOSと比較すると信頼性が高く，最近はPC上でも稼働するLinuxが広く利用されている．また，携帯情報端末（携帯電話やタブレット）用のOSとしては，Android，iOSなどがある．

1.2.2　応用ソフトウェア

応用ソフトウェア（application software）は，文書作成，各種の計算，電子メールやWebの閲覧などのインターネットを利用した情報交換，画像処理など特定の目的のために作られたプログラムで，OS上で稼働する．企業や病院の業務などでは汎用の応用ソフトウェアだけでは目的を果たせない場合がある．そのような場合には，それぞれ専用の業務用ソフトウェアが使われる．

コンピュータを使う仕事の多くは，これらの応用ソフトウェアを利用している．以下に代表的な応用ソフトウェアを挙げる．

(1) 文書処理ソフトウェア（word processor, word processing software）

　　文書の作成，編集に使用されるソフトウェアで，ワードプロセッサ（略してワープロ）ともいう．第3章で使用方法を学習する．印刷を目的としない場合は，テキストエディタが便利である．

(2) 表計算ソフトウェア（spreadsheet）

　　2次元の表で表されるデータの処理を行うプログラムで，日常のデータ処理のかなりの部分をこなすことができる．スプレッドシートともいう．第4〜5章で使用方

法を学習する．
(3) プレゼンテーションソフトウェア（presentation software）
  会議や報告，講義などで他の人々に説得力のある形で情報を提示するためのプログラム．第 6 〜 7 章で使用方法を学習する．
(4) メーラー（mail software, mailer）
  電子メールの作成，送受信，メールやメールアドレスの管理を行うソフトウェア．メールクライアント，MUA（mail user agent）ともいう．第 2 章で電子メールの基本を学習する．
(5) Web ブラウザ（Web browser）
  インターネット上の Web サイトを閲覧するためのソフトウェア．画像やビデオ映像を見たり，音楽を聴くこともできる．第 8 章で Web サイトの作り方を学習する．
(6) 画像処理プログラム
  写真や図などの画像に対してさまざまな処理を行うプログラム．とくに，写真の加工のためのソフトウェアのことをフォトレタッチソフト（photo-retouching software）と呼ぶ．
(7) データベース管理ソフトウェア（database management software）
  データベースの作成と運用を支援するためのプログラムで，データの追加，削除，変更，保護，検索などデータ管理と利用のためのさまざまな機能をもっている．
(8) 業務用ソフトウェア
  特定の業務分野に特化したプログラム．販売管理，給与計算などの事務処理に特化したプログラムのほかに，土木計算や建築設計など技術計算のプログラムもある．
(9) その他
  以上のほかにも，統計処理プログラム，動画再生プログラム，家庭学習用プログラム，年賀状作成プログラム，ゲームなど，さまざまな応用ソフトウェアが業務で，また家庭で使われている．

1.2.3　プログラミング言語

プログラミング言語（または**プログラム言語**）は，応用ソフトウェアやオペレーティングシステムを作るためのプログラムを書くための規則である．プログラミング言語には，コンピュータが直接理解できる**機械語**のほかに，機械語に近いが人間にも理解できる**アセンブリ言語**，人間の使う言葉や数式に近い**高水準言語**があり，通常は高水準言語が用いられる．

高水準言語で作ったプログラムは**ソースプログラム**と呼ばれ，これを実行する仕組みは大きく 2 つある．1 つは**コンパイラ**というプログラムを使ってソースプログラムで記述した処理を行う機械語のプログラムを生成する方法である．もう 1 つは，ソー

表 1.1 プログラミング言語の種類

科学技術計算向き言語	C, Pascal, FORTRAN, BASIC
事務処理向き言語	COBOL
非手続き型言語	LISP, Prolog, SQL
オブジェクト指向言語	Java, C++, Swift, Python, Ruby, SmallTalk
スクリプト言語	JavaScript, Perl, PHP, VBA
ビジュアルプログラミング言語	AgentSheets, G(LabView), Prograph, Simulink, ToonTalk

注：Python と Ruby はスクリプト言語に分類する場合もある．

スプログラムを 1 ステップずつ読み込んで解釈・実行していく方法で，これを行うプログラムを**インタープリタ**という．第 11 〜 12 章では，Microsoft Excel 上で動く VBA というプログラミング言語の使い方を学習する．

1.3 Windows の基本的な操作方法

1.3.1 ユーザインターフェース

コンピュータと人間のコミュニケーションをサポートする仕組みを**ユーザインターフェース**と呼ぶ．初期のコンピュータのユーザインターフェースは，文字入力によるコマンドでコンピュータに指示を与える **CUI**（character user interface）であった．その後，より直感的で初心者でも使いやすい方法として，モニタ上のボタンやアイコンなどをマウスなどのポインティングデバイスで操作することにより指示を与える **GUI**（graphical user interface）が使われるようになった．

キーボードからコマンドとして入力されたユーザの命令や，マウスのクリックなどによるユーザの指示を解釈して OS に伝えるプログラムを**シェル**（shell）という．つまり，ユーザインターフェースを実現するプログラムがシェルである．シェル（殻）という名前は，OS のカーネル（核）を包んでコンピュータと人間の仲介役をすることから付けられた．

CUI のシェルは，コマンドを解釈・実行することから**コマンドインタープリタ**（command interpreter）とも呼ばれる．Windows では，**コマンドプロンプト**という名前の CUI が利用できる．また，**Windows エクスプローラー**という名前の GUI を使ってプログラムの起動・停止やファイルの操作など，OS に対する指示を与えることができ，その画面は「デスクトップ」と呼ばれる．

■【演習 1.1】コマンドプロンプトを起動して，dir と命令を入力してみよう．

■【演習 1.2】以下の手順で GUI（Windows エクスプローラー）を止めて，デスクトップが消えることを確認しよう．また，そのときでもさまざまなプログラムを起動できることを確認しよう．

1. ［Ctrl］+［Alt］+［Del］と押してタスクマネージャーを起動する．
2. ［プロセス］タブから［エクスプローラー］を見つけて右クリックから［タスクの終了］を行い，デスクトップが消えていることを確認する．
3. ［ファイル］メニューの［新しいタスクの実行］から cmd.exe と入力する．
4. 最後に［ファイル］メニューの［新しいタスクの実行］から explorer.exe と入力し，デスクトップを表示させて，元の状態に戻す．

1.3.2 プログラムの起動

応用プログラムは以下のようなさまざまな方法で起動することができる：
(1) Windows エクスプローラーでプログラムの実体を探し出し，ダブルクリックする．または，右クリックして現れるサブメニューで［開く］または［管理者として実行］を選択する（図 1.3）．
(2) 図 1.3 で左下に ▣ がついているアイコンは「ショートカット」である．ショートカットはプログラムの実体ではないが，ダブルクリックすればそのプログラムが起動する．例えば，一番右のアイコンをダブルクリックすると「メモ帳」が起動する．
(3) コマンドプロンプトでそのプログラム名を入力する．
(4) タスクマネージャーの［新しいタスクの実行］でそのプログラム名を入力後，OK を押す．

図 1.3 プログラムの起動方法（サブメニューとショートカット）

1.3.3 オプションメニューの選択

応用プログラムを実行中に，オプション（プログラムが提供するさまざまな機能）を実行したいときは以下の 3 つの方法が使える：
(1) 応用プログラムのメニューボタンをたどって該当するオプションを見つけ，ダブルクリックにより実行する．
(2) 操作をしたい箇所で右クリックをする．たいていの場合，その場で可能な代表的

な操作のメニューが現れるので，使いたいオプションを選択・実行する．
(3) データのコピーや印刷，プログラムの停止といった代表的な操作はマウスを使わずに素早く操作ができるよう，キーボード入力により命令ができる．例えば，［Ctrl］+［A］と入力すると全選択が行われる．これをショートカットキーと呼んでいる．第3章の表3.2に代表的なショートカットキーを挙げてある．ショートカットキーはほとんどの応用ソフトウェアでほぼ共通で，使いこなせると作業の効率が大幅に向上するので，是非覚えておきたい．

1.4 ファイルシステムとファイル操作

1.4.1 ファイルとは

コンピュータで扱うデータやプログラムは，ディスク上では**ファイル**として管理される．ファイルの形式は，プログラム，文書，表，画像，音声といったファイルの種類ごとに定められており，OSや応用ソフトウェアはファイル名からどんな種類のファイルかを判断して処理を行う．

Windowsエクスプローラーを使うと，ディスクの中にどのようなファイルがあるかを参照したり（ファイルの大きさや作成日時などを知ることができる），ファイルのコピー，ファイル名の変更などのファイルに対する操作を行うことができる．ファイルを操作するシステムを仮想化し，ファイルの実体がどこにあるのかを意識しなくても困らないOSもあるが，Windowsはファイルシステムの仮想化が不完全なため，ユーザはWindowsエクスプローラーを用いてファイルの実体がどこにあるかを意識しながら利用する必要があるので注意が必要である．

1.4.2 ファイル名

ファイルは「ファイル名」で識別する．Windowsの場合は，

のように「名前＋ピリオド＋拡張子」が標準的な形式である．

ファイル名は内容を表す名前を付けることが大原則である．ファイル名の付け方に対する制限は緩いが，原則として半角英数字を使い長いファイル名は避けるほうが無難である．Windowsでは半角英文字の大文字と小文字は区別されない．なお，以下の半角記号は使用できないので注意すること：

＊ ？ ￥ ｜ ＜ ＞ : ; , " /

拡張子は通常3文字または4文字で，Windowsの場合，多くの応用ソフトウェアは拡張子によりファイルのタイプを識別する．代表的な拡張子には表1.2のようなもの

表1.2 代表的なファイルの拡張子

.com .exe	プログラム	.mov .mpg .avi	動画ファイル
.bat	バッチファイル	.wav .mp3 .mid	音声ファイル
.txt	テキストファイル	.docx .doc	Wordの文書ファイル
.bak	バックアップファイル	.jtd	一太郎の文書ファイル
.htm .html	HTMLファイル	.xlsx .xls	Excelのデータファイル
.bmp .jpg .png	画像ファイル	.pptx .ppt	PowerPointのファイル

がある．なお，1つのフォルダ（後述）の中に同じファイル名のファイルを2つ置くことはできないが，別のフォルダであれば同じ名前のファイルの存在が許される．

1.4.3 ドライブ

ファイルを格納するディスクドライブは，A～Zで識別されるドライブ名をもつ．1つのディスクドライブを複数の論理的なドライブに分けて使うことも可能である．

ドライブを指定するときは，

　　　　C:myfile.txt

のようにファイル名の先頭に「ドライブ名＋コロン」を付ける．ファイルサーバ上にあるネットワークドライブも，ドライブ名を付けてPCに直接つないだディスク装置とまったく同じようにファイルの操作をすることができる．

1.4.4 ディレクトリとフォルダ

1つのドライブを書類整理庫に例えると，その中にファイルを分類して管理するために引き出しに相当する構造を複数個作ることができる．これを**ディレクトリ**または**フォルダ**と呼んでいる．

各ドライブにはルートディレクトリという最上位のディレクトリが自動的に作られる．ルートディレクトリを指定する必要があるときは「¥」を使う．ルートディレクトリの中には，ファイルのほかに別のディレクトリを名前をつけて作ることができる．さらにそのディレクトリの中にまた別のディレクトリ（サブディレクトリ）を作ることもできる．

このように，1つのドライブはディレクトリを単位とする入れ子型の構造をもつが，これをルートディレクトリを幹とする木の形で表すことができるので，このような階層構造を木構造（tree structure）と呼んでいる．例えば，図1.4ではLドライブの直下にschoolというディレクトリがあり，その下にfreshman, junior, seniorという3つのサブディレクトリがある．さらに，freshmanの下にはclass_A, class_B, class_Cという3つのディレクトリがある．なお，ディレクトリ名の付け方はファイル名の規則に準じる．

図 1.4 ファイルシステムの階層構造とサブメニュー

1.4.5 パス名

ファイルやディレクトリを指定するのに，その名前だけでなくそれがファイルシステム全体の中でどこに位置するかの情報が必要なことがある．このときは

　　　　　L:¥school¥freshman¥class_C

のように，ドライブ名を指定した後，ルートディレクトリから所定のディレクトリに至る経路（パス）を「¥」で区切って並べる方法が利用でき，**パス名**と呼ばれている（より正確には絶対パス名）．

1.4.6 ファイル操作

通常，ファイルは最初は応用ソフトウェアで作成するが，その後はファイルを管理するために名前や属性の参照，名前の変更，ファイルのコピー，移動，削除といった操作が必要となる．ファイルとディレクトリを操作する方法はいろいろあるが，Windows の場合は Windows エクスプローラーを使う方法をまず覚えよう．

a．ディレクトリとファイルの参照

Windows エクスプローラーを起動すると，図 1.4 のようなウィンドウが現れる．左側のウィンドウで，ドライブ名やディレクトリ名をダブルクリックするとサブディレクトリの一覧が展開される．このとき，左側のウィンドウはファイルシステム全体の構成（ディレクトリツリー）を，右側の画面は現在選択されているディレクトリ（カレントディレクトリという）の内容を示している．

目的とするディレクトリを左側の画面に表示させた後，そのディレクトリをクリッ

クするとその中身（ファイルとサブディレクトリ）が右側の画面に表示される．図 1.4 では L:¥school¥freshman¥class_A ディレクトリの内容が表示されている．ファイル一覧の表示形式は，画面右上のボタン■，または表示メニューを使って，アイコンを使った簡易表示から詳細な情報の一覧までユーザが選択することができる．なお，Windows エクスプローラーの設定によっては拡張子の表示が省略されることがあるので，「表示」タブの「ファイル名拡張子」にチェックが入っていることを確認しよう．

b. ディレクトリの作成

ディレクトリを作りたいときは，まず左側画面で親となるディレクトリを選択した後，つづけて右クリック（もしくは右側画面の空白部分を右クリック）すると図 1.4 下のようなサブメニューが現れる．［新規作成］→［フォルダ］の順に選択すると「新しいフォルダ」という仮名で新しいディレクトリが作成される．

c. ディレクトリとファイルの名前の変更・削除

名前の変更や削除を行いたい対象（左右どちらの画面でもよい）を右クリックすると，そのファイルに対するサブメニュー（図 1.4 下）が現れるので，行いたい操作を今度は左クリックで選択する．

d. ファイルのコピー

まずコピーしたいファイルがあるディレクトリを左側のウィンドウで選択し，右側のウィンドウにそのファイルが表示された状態にする．次に，コピーしたいファイルを左クリックで選択し，続いて［Ctrl］+［C］でコピーをする．続いて，コピー先のディレクトリが左側のウィンドウに表示される状態にする（ディレクトリが隠れているときはダブルクリックしていく）．コピー先のフォルダが左ウィンドウに表示されたら，そのフォルダを選択して［Ctrl］+［V］でペーストをする．

以上のほかにも，マウスを使ってファイルをドラッグしたり，メニューを使う方法もあるが，上述のショートカットキー（［Ctrl］+［C］と［Ctrl］+［V］）を使う方法が一番簡単である．

操作が終了したら念のために，コピー先のディレクトリにファイルがコピーされたか必ず確認する．なお複数のファイルをコピーしたいときは，［Ctrl］を押しながらクリックしていくと複数のファイルを同時に選択することができる．また［Shift］を押しながらクリックすると一覧上で最初に選択されていたファイルとの間にあるファイルがすべて選択できる．

【演習 1.3】ファイルを 1 つ作って，以下の操作を試してみよう．
　（1）ファイル名の変更，（2）ファイルのコピー，（3）ファイルの移動

2 インターネットの利用と
ネット社会のリテラシー

インターネットに接続すると，WWW，電子メール，SNSなどさまざまなサービスを利用することができる．これらのサービスは大変便利だが，使い方を間違えると自分が被害を受けるだけでなく他人に迷惑をかけることもあるため，ネットワークを正しく利用する能力（**ネットワーク・リテラシー**）は今や不可欠な社会常識になっている．この章では，代表的なインターネット上のサービスの使い方とそれぞれを利用するときの注意事項について説明する．

2.1 インターネット上のサービス

インターネットを使って利用できる代表的なサービスには以下のようなものがある．いずれもそれぞれのサービスを実現するサーバプログラムが，インターネットに接続されたサーバマシン上で稼働している（⇒9.2節）．

(1) World Wide Web（WWW）

インターネット上で情報を提供する仕組みで，中身はHTML（HyperText Markup Language）という言語で書かれたテキストファイル（Webページ，ホームページなどと呼ぶ；以下HTMLファイル）やマルチメディアのファイルである．あるサーバで提供しているHTMLファイルから，インターネット上の他のサーバの情報を参照したり移動できる**ハイパーテキスト**の機能と，画像・音声・動画等のマルチメディアの情報もサポートする表現方法の多様さを大きな特徴とする．サービスを提供するプログラムは**WWWサーバ**または**Webサーバ**，PCや携帯情報端末でWebページを閲覧するためのプログラムは**Webブラウザ**と呼ばれている．第8章でHTMLファイルの作り方を学習する．

(2) 電子メール（email）

テキストを主体としたメッセージを，ネットワークを介して交換する仕組み．

(3) ファイル転送

ネットワークを介してコンピュータ間でファイルを転送する機能．FTP（file transfer protocol）と呼ばれる規格が使われることが多い．

(4) 遠隔ログイン（remote login）

ネットワーク上にある他のコンピュータにログイン[1]して使用する機能（telnet,

rlogin，ssh）．

(5) ニュース

インターネット上で提供されているニュースを自分の興味に合わせて選択して受信，講読する機能．PC 側では**ニュースリーダ**や RSS リーダというニュースの講読に特化したプログラムが使われる．

(6) ブログ（blog）

blog は weblog の略で，日記的な Web サイトを指す．個人的な記録や論評が日々更新されることが基本的な特徴で，意見発信の手段としてもよく利用されている．訪問者がコメントを書き込める電子掲示板（BBS：bulletin board system）機能を備えていることが多い．

(7) ソーシャル・ネットワーキング・サービス（SNS：social networking service）

人と人とのコミュニケーションを目的として，そのための環境をインターネット上で提供する仕組み．Facebook，Instagram，LINE，Skype，Tumblr に代表されるような，性格の異なるさまざまなサービスがある．

(8) チャット（chat），電話，TV 電話，電子会議

ネットワーク上で 3 人以上が同時参加できるリアルタイムのコミュニケーションの仕組みをチャットと呼ぶ．文字だけでなく音声や動画を使ったチャットもあり，それぞれ文字チャット，ボイスチャット，ビデオチャットと呼ばれる．1 対 1 のコミュニケーションを目的とする電話や TV 電話，逆に大勢が参加する電子会議のサービスも存在する．

(9) ツイッター（twitter）

利用者が順に「つぶやき」と呼ばれる短文を投稿することで，コミュニケーションが広がっていくサービス．

(10) クラウド・コンピューティング

これまではクライアント PC にインストールされたアプリケーション・プログラムを使って行っていたさまざまな情報処理を，Web ブラウザを使って，インターネット上のサーバを利用して行う仕組み．

インターネット上ではこのようにさまざまなサービスが提供されているが，WWW はこれらの機能の大部分を取り込み，インターネットサービスの統合的環境といえるものに進化している．

[*1)] **ログイン**：コンピュータやネットワークの利用開始時に，そのユーザに利用権があることを認証してもらい，以後サービスを利用できるようにする手続き．利用権は**アカウント**と呼ばれ，ユーザ名とパスワードのセットからなることが多い．ログオン，サインインともいう．なお，利用終了後けログアウト（ログオフ）を行う．

【演習 2.1】インターネットのサービスを利用するために，自分の PC ではどんなプログラムが利用できるか調べてみよう．

2.2 LAN 内のサービス

大きな組織の LAN（⇒ 9.1 節）では，仕事を円滑に進めるために以下のようなさまざまなサービスが提供されている．学生が IT（information technology）について学ぶときはこれらのサービスのもとで演習やレポート作成を行うことが多い．

(1) ディレクトリサービス

LAN に接続されたさまざまな装置や LAN を通して提供されているサービスを一元管理して利用するためのシステム．ユーザは**ディレクトリサービス**にログインすることにより，ファイル共有や印刷などさまざまなサービスを受けられるようになる．企業内のネットワークや大学内のネットワークのインフラとしてよく利用されている．

(2) ネットワークドライブ

ネットワーク上のファイルの保管場所．リモートドライブともいう．ファイルを複数の利用者で共有するためにも利用できる．LAN だけではなく，インターネット上のサービスもある．

(3) ネットワークプリンタ

特定の PC ではなく，ネットワークに接続されたプリンタ．PC から送られてきた印刷命令の管理・実行を行うプリントサーバを介することにより，多数のユーザで共同利用できる．

(4) DHCP（dynamic host configuration protocol）

LAN 上のコンピュータに IP アドレスなど，コンピュータを LAN に接続するために必要な情報を自動的に与える仕組み．

【演習 2.2】自分の PC では，LAN 上のどんなサービスが利用できるか調べてみよう．

2.3 WWW を利用する

2.3.1 WWW（World Wide Web）とは

WWW は，先述の HTML と **HTTP**（HyperText Transfer Protocol）というコンピュータ間の通信プロトコル（9.4 節参照）を用いて，情報を提供する仕組みである．

WWW を通して提供される情報（Web ページ）は日本ではホームページ[*2)]と呼ばれ，PC では Web ブラウザ（WWW ブラウザまたは単にブラウザ）と呼ばれるプログラムを使って閲覧することができる（8.1 節参照）．

2.3 WWW を利用する

Web ページの存在場所は，Web サーバのドメイン名または IP アドレス（9.3 節）を利用して URL（uniform resource locator）という以下のような形式で指定する．

```
                    Webサーバのドメイン名
                ----------------------------
       http://www.kitasato-u.ac.jp/top.html
       プロトコル名  サーバ名      ドメイン名      htmlファイル名
```

最初の「http://」は，HTTP プロトコル（9.4 節参照）により情報交換を行うことを示す．次の「www.kitasato-u.ac.jp」は Web サーバのドメイン名，「top.html」がサーバ上のファイル名である．一般にファイル名が index.html の場合は，これを省略してよい（サーバ側の設定によりほかのファイルも省略可能）．また，Web サーバ名はドメイン名の代わりに

　　　　　http://192.41.192.145/

のように IP アドレスで指定してもよい．

Web ブラウザから情報を見るには，上記のような形式で URL を指定するが，ブラウザは通常，HTTP 以外のプロトコル（自分の PC のファイル，FTP, mail など）にも対応しており，「http://」の代わりにそれぞれ，「file://」，「ftp://」，「mail://」というプロトコル名を頭につけることで参照することができる．

2.3.2　インターネットを利用した情報検索法

Web ブラウザを用いてインターネット上の情報を探すには，次のような方法がある．

(1) URL を入力する

URL または IP アドレスがわかっている場合は，これを直接キーボードから入力することにより，対応するホームページを表示することができる．

(2) 検索サーバを使う

自分の知りたい情報がどこにあるかわからない場合は，その情報に関連するキーワードを使って URL を探すことができる．インターネット上の情報を検索する機能を提供するコンピュータを検索サーバと呼んでいる．検索サーバは通常，検索ロボットと呼ばれるプログラムを使って，世界中の Web サイトを巡回してその内容を自動的に評価した上，検索用のデータベースを構築している．

(3) ディレクトリ型の検索サイトを使う

検索機能を提供している Web サイトの中には，登録申請のあったホームページを

[*2)] 日本語では「ホームページ」という言葉が使われることがあるが，Web サーバを使ってインターネット上で公開されている文書を英語では Web page と呼ぶ．また，複数の Web ページから構成される一連の情報を Web site，目次にあたる最初のページを home page と呼んでいる．

審査した上で，カテゴリ別に整理した一覧を提供しているところがある．検索サーバと異なり，人間の手で情報が整理・提供されるため，提供される情報の量に限界があるという短所もあるが，分類が的確で各サイトの内容を把握しやすいという特長がある．

【演習 2.3】「インターネット上でのマナーとエチケット」のサイトへ以下の 2 つの方法でアクセスしてみよう．
(1) URL（http://www.cgh.ed.jp/netiquette/）を直接入力する．
(2) 検索エンジンで探してみる．

2.4 電子メール

2.4.1 メールアカウント

電子メールを利用するにはメールサーバを利用するための権利（**メールアカウント**）をもつ必要がある．メールアカウントはユーザ名とパスワードからなり，所有者にはインターネット上で利用できるメールアドレスと，メールを受信するためのメールボックスがサーバ上に与えられる．

クライアント PC からメールの送受信を行うには，Web ブラウザを使う方法と，メーラまたは **MUA**（mail user agent）と呼ばれる電子メール専用のプログラムを使う方法がある．前者は **Web** メールとも呼ばれ，指定された Web ページにアクセスしてユーザ名とパスワードを入力してログインすると，Web ブラウザ上でメールの送受信等のすべての操作が可能になる．

後者の場合は，あらかじめ以下のような情報を設定しておく必要がある[*3]：

① ユーザ名　　　　：（例）ichiro
② パスワード　　　：（例）area51
③ メールアドレス：（例）ichiro@marlins.ne.jp
④ 実名　　　　　　：（例）Suzuki Ichiro
⑤ 受信メールサーバ（POP3 サーバ，または IMAP4 サーバ）名：
　　　　　　　　　　（例）pop3.marlins.ne.jp
⑥ 送信メールサーバ（SMTP サーバ）名：
　　　　　　　　　　（例）smtp.marlins.ne.jp

メール送信の方法としては
① 新規作成：相手のアドレスを入力し，新たにメールを送る．
② 返　信　：受信したメールに返信する．宛先を入力する必要はない．

[*3] **略語**　POP3：Post Office Protocol (version 3)，IMAP4：Internet Message Access Protocol (version 4)，SMTP：Simple Mail Transfer Protocol．

③ 転　送：受信したメールを別の宛先に送る．

の3つがある．メールは，ヘッダ部と本文（相手に送りたいメッセージ）からなる．
ヘッダには以下のようなものがある．
　　① 宛　先（To:)　　：メールを送りたい相手のメールアドレス
　　② 差出人（From:)　：自分（送信者）のメールアドレス
　　③ 件　名（Subject:)：簡単なタイトル
　　④ 同　報（Cc:)　　：複数の宛先に送る場合のメールアドレス
　また，メールにはヘッダと本文以外に，コンピュータで作成した任意のファイルを付けて送ることができる．これを添付ファイルと呼ぶ．

【演習 2.4】 メールソフトを用いて，まず自分宛にメールを出してみよう．次に，友人と電子メールを交換してみよう．またメールのヘッダについて調べてみよう．

2.4.2　電子メールを利用する上での注意点

　電子メールはとても便利な情報伝達手段だが，使い方を間違えるとトラブルの原因となり，いったんトラブルになると通常の会話より修復が困難である．そのため，電子メールによるコミュニケーションで注意すべき事柄は「ネチケット」として整理されている．以下，電子メールを出す際の基本的な注意点を挙げておく．

(1) 緊急性：電子メールは緊急の連絡には向かない．急ぎの要件は音声電話が第一選択肢である．

(2) 宛先：宛先を間違えると大きなトラブルになることがある．とくに返信をする場合は，本当にメールを出したい相手だけを宛先として選んでいるか十分に確認しよう．

(3) 件名：携帯電話のメールと異なり，PCのメールユーザは件名で読むべきかどうかを判断する人が多い．件名が適切でないと読んでもらえないことがあるのを忘れないこと．

(4) 本文：半角カタカナ文字はインターネットでは使わない．携帯電話特有の絵文字などは一般のメールでは使わない．適宜，改行を行い，読みやすい文にする（目安は日本語だと35文字以内）．

(5) 署名：署名とは，発信者を示すため本文の末尾につける情報であり，つけることが望ましいが，メールを送る対象によっては個人情報の記述に注意したほうがよく，とくに電話番号や住所は掲載しないほうがよい場合が多い．

(6) 添付ファイル：安易にファイルを添付しない．

(7) テキストメールとhtmlメール：電子メールの形式は文字だけからならシンプルなテキストメールが標準だが，Webサイトと同じような多彩な表現が可能なhtml

メールという形式も宣伝メールなどで利用されている．htmlメールは確かに見た目はきれいだが，その中にウィルスを埋め込んで受信者がメールを開いただけで感染させたり，表示を偽って詐欺サイトへ誘導することなどができるなど，さまざまな危険が潜んでいる．したがって，メールの受信設定では原則としてhtml表示はしないほうがよい．

(1)～(6)はメールを出す場合の注意だが，メールを受け取る場合はまた別の注意が必要である．気をつけなくてはいけないのは，**マルウェア**（**コンピュータ・ウィルス**，**トロイの木馬**，**ワーム**など），**フィッシング**，**架空請求**である．マルウェアは主に添付ファイルとして送られてくる．また，フィッシングは本物を装った巧みな文面で本物そっくりの偽サイトに誘導してアカウントを盗もうとする詐欺メールである．うっかり騙されると金銭的な被害に直結する．架空請求の多くは，アダルトサイトの使用料金の支払いを督促するものである．

いずれの場合も，メールの文面により何らかの行動を喚起されるときは（例えば，自分のアカウントのセキュリティを確保するために再設定をしなくてはいけない，本当に商品を購入したかどうか相手に真偽を確認しなくてはならないなど），常に疑ってかかる習慣が大切である．また，送信者のアドレスは，手紙の差出人と同じでいくらでも嘘がつけることを忘れてはいけない（友人の名前で送られてきていても，差出人はまったく別の可能性が常にある）．少しでも困ったときは，管理者や専門家に相談することが何よりも重要である．

2.4.3 メーリングリスト

メーリングリストとは，ある特定のメールアドレスにメンバーとして登録すると，そこに投函されたメールがすべての登録メンバーに配信される仕組みである．仕事などで密接な関係をもつグループの連絡用，特定のテーマについての話し合いや情報交換などに用いられる．

メーリングリストを利用するにあたっては，投稿したメールはメンバー全員に配布されることを十分に認識することが重要である．また，メーリングリストでは無用な論争が生じたり，場合によっては個人に対する誹謗・中傷の手段となることもあるので，ネチケットには十分に注意を払う必要がある．

【演習2.5】電子メールに関するネチケットについて，以下のWebサイトなどを参考に調べてみよう．
(1) ネチケットホームページ： http://www.cgh.ed.jp/netiquette/
(2) 電子メール社会のエチケット： http://www2.ktarn.or.jp/~toy/netiquette/

2.5 インターネットにおけるトラブルと自己防衛

インターネットの普及に伴い，さまざまなネットワーク犯罪が起きるようになった．
これらの被害にあわないためには，コンピュータやネットワークについての知識とともに，犯罪の手口と防御策についての知識が不可欠である．また，知識が乏しいために知らぬ間に自分が加害者となることもありうるので注意が必要である．

2.5.1 ネットワーク犯罪

ネットワーク犯罪には次のようなものがある．
(1) コンピュータやネットワークへの妨害
 ウィルスの送付，**SPAM**（迷惑メール），他人のアカウントの使用（**なりすまし**）
(2) 経済的侵害
 詐欺（架空請求，ワンクリック詐欺など），クレジットカードの盗用（フィッシング）
(3) 個人情報の侵害
 個人情報（メールアドレスなど）の不正取得と利用（SPAM の送信など）
(4) 知的所有権の侵害
 書物，絵や写真，音楽，ソフトウェアなどの著作権侵害（許諾無しの公開など）
(5) 個人の尊厳あるいは人権の侵害
 個人に対する中傷，差別的な発言，ストーキングなど

ネットワーク犯罪の特徴は，加害者の特定が困難な場合が多いことである．IP アドレスの詐称やセキュリティの不十分なコンピュータを所有者に気づかれないように乗っ取って利用するなどの方法が使われる（**ボット**と呼ばれる）．コンピュータ・ウィルスがその手段となることが多いので，ウィルス対策はとくに重要である．また，アダルトサイトや匿名で書き込みができる掲示板などもさまざまな危険が潜んでいる．

また，自分自身に意図がなくてもコンピュータやネットワークについて技術的に未熟なために，知らぬ間に加害者の立場になる場合がある．具体的には，
・PC を乗っ取られて SPAM の送信手段にされる
・チェーンメールを転送してしまう
・個人情報を侵害する
・著作権を侵害する
などがあり，初心者は十分に注意しなければならない．

2.5.2 ネットワーク犯罪からの防衛方法

以上に挙げたさまざまなネットワーク犯罪に対する防御方法としては，可能な限り技術的な対応をした上，コンピュータを使う際は注意を怠らないことが肝要である．

技術的な対応としては，まずコンピュータ・ウィルス対策ソフトを常用し常にデータベースを更新しておくことが必須である．コンピュータ・ウィルス対策をしていないPCは必ずといってよいほど，何らかのウィルスに感染して被害をまき散らしていると考えたほうがよい．また，ネットワークの入口にはファイアウォールを設置して，悪意のあるパケット（9.4節参照）が侵入しないよう対策を講じておくことはネットワーク管理者の責任である．

以下に，利用者が注意すべきことを挙げておく：

(1) PCでは，信頼できるセキュリティソフトを使用すること．
(2) 送られてきた添付ファイルにはコンピュータ・ウィルスやトロイの木馬などのマルウェアが入っていることがあるので，中身に確信がもてない場合は触れないこと．
(3) メールの中のリンクをたどってWebサイトにアクセスした場合，アカウントを使ってログインをしたり，個人情報を提供しないこと（メール中のリンクにアクセスするときは細心の注意が必要である）．
(4) パスワードは他人が同定できない複雑なものを使うこと．
(5) SPAM用受信トレイは定期的にチェックし，大事なメールが誤分類されていないか確認する習慣をもつこと．
(6) チェーンメールに反応しないこと（チェーンメールの特徴は，親切心につけこんで不特定多数に転送を求めるものであるということを忘れないこと）．
(7) 身に覚えのない支払い要求や不当な要求には反応しないこと（行政機関や警察から対応方法についての情報が発信されているので，Webで調べるのも1つの方法である）．
(8) 本人に無断でメールを転送しないこと．
(9) 作者の許諾をえずに他人の作品を掲載したり転送しないこと．
(10) 根拠なく他人を誹謗・中傷しないこと．

対応方法がわからないときは1人で悩んだり放置せずに，管理者や行政機関の担当窓口などに相談することが重要である[4]．

---

[4] **参考** コンピュータ緊急対応センター（JPCERT/CC）：http://www.jpcert.or.jp
サイバーポリス：http://www.npa.go.jp/cyberpolice/
東京都くらしWeb：http://www.shouhiseikatu.metro.tokyo.jp/
消費者ホットライン：188（電話）

【演習 2.6】以下のネットワーク犯罪について具体的な事例を調べてみよう．
SPAM，コンピュータ・ウィルス，トロイの木馬，ワーム，ボット，チェーンメール，架空請求，ワンクリック詐欺，フィッシング，違法コピー，著作権侵害

2.5.3 インターネットから得られる情報の信頼性

インターネットは今や巨大な辞書あるいは百科事典とみなせるまでになってきた．そこではあらゆる種類の情報が提供され，われわれは容易にそれを手に入れることができるが，得られた情報がすべて正しいものとは限らないことに注意する必要がある．

間違った情報に惑わされないためには，常に一次情報を確認すること（二次情報はすぐに信用しないこと），そしてその一次情報の信頼度を評価する習慣を身につけることが重要である．

2.5.4 個人の Web ページ公開における注意点

第 8 章では Web ページを自分で作成できるようになるために HTML について学習する．作成した Web ページ公開にあたっては，個人の住所・電話番号などを掲載しない，個人の写真を安易に掲載しない，他人の著作権を尊重する，といった点に十分な注意を払う必要がある (8.7 節)．

掲示板システムなどを作成した場合，そこに投稿された記事に他人を中傷するなどの不適切なものがあると，掲示板の管理者にも責任が課されることがある．

2.5.5 情報倫理

最近「情報倫理」という言葉がよく聞かれるようになっているが，インターネットであれ何であれ，他人との関わりにおいて守るべきマナーやエチケットは，従来の社会生活における場合と特別異なるものではない．メールにおいても Web ページにおいても，他人に不快感を与えることは望ましい行為ではないし，著作権を守り，他者の人権を尊重することは当然の義務である．また，通常の会話などと違ってインターネット上で一度書き込んだ情報は，取り消しがほぼ不可能なことは常に肝に銘じておく必要ある．

いずれにしても，マナー違反や違法な行為はいかなるメディアでもマナー違反や違法であることを銘記すべきである．

3 ワープロ

3.1 ワープロの概要

ワープロとはワードプロセッサ（word processor）の略称である．ワードプロセッサとは文書を処理するためのソフトウェアである．以前はワープロ専用の機械が存在したが，現在はワープロとして動作するソフトウェアのことを指す．

文章を処理するとは，単に単語を入力し文を連ねるだけでなく，内容の理解を助けるために章や節，段落や脚注といった文章の構造についても処理できる必要がある．また雑然とした文の配置ではなく，読みやすいように行間や字間を調節したり，段組みや余白のような見た目の体裁を整えることについても処理できる必要がある．さらには，表現したい内容の理解を助けるために図表のような文章以外のものも取り扱う必要がある．

文章を取り扱うソフトウェアとしてはこの章で取り上げるワープロ以外にテキストエディタがある．ワープロは読みやすいように文章の体裁を整えたり，印刷をする機能をもっているが，テキストエディタは簡単なメモや，プログラムのソースコードの入力のために用いられることが多い．

3.2 日本語入力システム

コンピュータで日本語を入力するためのソフトウェアとしてIME（アイエムイー；input method editor）がある．代表的なものとしてWindowsではMicrosoft社のMicrosoft IME（MS-IME），ジャストシステム社のATOK（エイトック；Advanced Technology Of Kana-kanji transfer）が，macOSではApple社の「ことえり」やJapaneseIM，さらにATOKのmacOS版がある．ATOKとMS-IMEでは基本的な機能はほぼ同じなので，本章ではWindowsに標準で搭載されているMS-IMEについて説明する（図3.1）．

MS-IMEで直接入力できる文字は「ひらがな」，「全角カタカナ」，「全角英数字」，「半角カタカナ」，「半角英数字」であり，漢字に変換するためには変換キーを押して変換したい漢字に変換する必要がある．表3.1に直接入力可能な文字の種類とそのサンプルを示す．

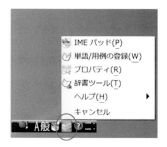

図3.1 MS-IME の言語バーと
メニュー

表3.1 MS-IME で入力可能な文字の種類

文字種類	例
ひらがな	あいうえお
全角カタカナ	アイウエオ
全角英数字	ＡＢＣＤＥ
半角カタカナ	ｱｲｳｴｵ
半角英数字	ABCDE

MS-IME の詳細な設定は，言語バーのツールアイコン（図3.1丸印）を左クリックし，表示されたメニュー内の［プロパティ］を選択して，左クリックすることで行う．

プロパティは言語バーから独立した1つのウィンドウとして表示される（図3.2）．プロパティでは句読点の「、」や「。」の初期設定や，入力間違いしやすいパターンを自動的に訂正する機能である**オートコレクト**の設定などを自由に変更することができる．自分の好みに応じてプロパティを設定しておけば，MS-IME を非常に使いやすくすることができる．

図3.2 MS-IME のプロパティ

3.3 Word 2016 の概要

Word 2016 とは Microsoft 社が提供するワープロであり，表計算ソフトの Excel 2016，プレゼンテーションツールの PowerPoint 2016 とともに Office 2016 を構成する主要なプログラムの1つである．

Office 2016 がインストールされると，デスクトップ下のタスクバーに Office のアプリケーションが登録される（図3.3）．「W」の文字があるアイコンが Word のアイコンなので，これをクリックして Word を起動させる．

タスクバーに Word が見つからない場合は，［スタート］メニューを左クリックすると，Windows 7 の場合は「すべてのプログラム」が，Windows 10 の場合はアルファ

ベット順のプログラムの一覧が表示されるので，Wordのアイコンを探して起動させればよい．Wordが起動するとタスクバーにWordのアイコンが表示されるのでこのアイコンを右クリックし，［タスクバーにこのプログラムを表示する］を選んで左クリックすれば，Wordのアイコンが常にタスクバーに表示されるようになる．

3.4　ファイルの作成と保存

Wordを起動させると図3.4（左）のような画面となる．この画面では，文書の基本構造やレイアウトがあらかじめデザインされている**テンプレート**の一覧が表示される．最初から文書を作成する場合は，このテンプレートの中から［白紙の文書］を選択すれば「文書1」と仮の名前がつけら

図3.3　タスクバーとアイコン

れた新しい文書が開かれる（図3.4（右））．開かれた文書では，ウィンドウのタイトルに現在の文書名，その下に各種の操作をまとめた**リボン**と呼ばれる領域，そして白紙の状態にある文書作成エリアが表示される．

■【演習3.1】Wordを起動して白紙の文書を作成してみよう．

Wordのリボン（図3.5）は作業に必要な機能ごとに整理された**タブ**にまとめられている．Wordでは［ファイル］，［ホーム］，［挿入］，［デザイン］，［レイアウト］，［参

図3.4　Wordの起動時の画面（左）と白紙の文書（右）

3.4 ファイルの作成と保存

図 3.5　Word のリボンの概要

考資料］，［差し込み文書］，［校閲］，［表示］などのタブが存在する．最初の状態では［ホーム］タブが選択されており，選択されているタブは背景が白地となっている（図 3.5 丸印）．タブの数はコンピュータの環境によって増加する．筆者の環境では IME としてジャストシステム社の「ATOK」がインストールされており，ジャストシステム社は Word 用に「ATOK 拡張ツール」という機能を提供しているため，リボンにこのタブが表示されている．

総合課題 3.1

章末の【資料 1】の文章を入力してみよう．わからない漢字は MS-IME のツールの「IME パッド」を使って調べて入力してみること．

課題の文章の入力を終えたら，次はその文章を保存する．リボンの［ファイル］タブを選択すると図 3.6 の画面になる．左側のメニューから，［名前を付けて保存］を選択すると図 3.7 のような画面となる．

「名前を付けて保存」の［ここにファイル名を入力してください］とあるところにファイル名を入力する．ファイル名は後で内容がわかるようにわかりやすいものにするとよい．今回は「ぼっちゃん」とする．このまま保存すると Microsoft のクラウドサービスである，OneDrive に保存されるので，必要に応じて［参照］アイコンを左クリックして，自分のコンピュータの適切なフォルダに保存する．

ファイル名入力欄の下にある「Word 文書（*.docx）」のプルダウンメニューで，保存するファイル形

図 3.6　ファイルの保存

図 3.7　名前を付けて保存

式を変更することができる．形式を変更することで保存したファイルを Word 以外の
プログラムで開くことが可能となる．

3.5　フォント―大きさや書体の設定方法

ワープロでは，文字の大きさ，色，書体などを自由に変更することができる．フォ
ントの設定は［ホーム］タブの［フォント］メニュー（図 3.8）で行う．はじめに新
しい白紙の文書を作成し，図 3.9 に示す例文を入力してみよう．

最初の行の「文字の大きさ 10.5 pt」は，フォントは「MS 明朝」，大きさは「10.5
pt（ポイント）」である．次の行の「文字の大きさ 24 pt」はこの行をマウスで選択し，
MS 明朝 10.5 の数字の右横の三角部分を左クリックし，「24」という数字をマウスで選
択することで文字の大きさを変更している．

つづく「**太字**」，「*斜体*」，「下線」の 3 行は，それぞれの行をマウスで選択した後，
［フォント］メニューの B ， *I* ， U のボタンを左クリックすることで文字を修飾して
いる．

文字の「下付き」，「上付き」とは文字の右下，右上に小さな文字を付けるときに使
用される．H2O の「2」をマウスで選択してから x₂ のボタンを左クリックすると，そ
の文字が小さくなり文字の下側に移動して H_2O となる．また m3 の「3」をマウスで
選択してから x² のボタンを左クリックすると，その文字が小さくなり文字の上側に移
動して m^3 となる．

文字の背景色は，変更したい文字列をマウスで選択し，アイコン ✏ の右側にある
三角部分を左クリックし，変更したい色をマウスで選択することで変更可能である．

図 3.8　［フォント］メニュー　　　　図 3.9　文字の大きさ，色，書体などの変更

また文字色は，変更したい文字列をマウスで選択し，アイコン <u>A</u> ▾ の右側にある三角部分を左クリックし，変更したい色をマウスで選択することで変更可能である．文字の書体はアイコン MS 明朝 10.5 の「MS 明朝」の右横にある三角部分を左クリックし，変更したいフォント名を選択することで変更可能である．

■【演習 3.2】図 3.9 に示した内容の文章を作成しなさい．

一度行った変更を取り消したいときは，Word の左上にある取り消しボタン（図 3.10 丸印）を左クリックすることで実現できる．この機能は，後述する「ショートカット」の［Ctrl］+［Z］でも実行できる．取り消しボタン右横の三角部分を左クリックすることで，過去の操作をさかのぼって取り消すこともできる．

図 3.10　元に戻す

3.6　データの再利用—コピー，ペースト，検索，置換

ワープロの利点の 1 つとして，データの再利用がある．一度入力した文章をコピーしてその一部を改変して再利用することは文章の作成上よくあることである．まず，総合課題 3.1 で作成した「ぼっちゃん」の文章の一部を改変してみよう．

［ファイル］タブ→［開く］を選択して，総合課題 3.1 で作成した「ぼっちゃん」のファイルを開く．図 3.11 のように文章全体をマウスで選択してから［ホーム］タブの［コピー］アイコン（図 3.11 丸印）を左クリックする．

次に［ファイル］タブ→［新規］メニュー→［白紙の文書］を開く．開かれた「文

図 3.11　文章のコピー

書2」のファイルにおいて，[ホーム]タブの左側にある[貼り付け]アイコンを左クリックすると，先ほどコピーした文章がペーストされる．

次に，この文章の一部を改変する．現在この文章では句点として「。」が用いられている．この句点を「．」に変更する．もちろん，1つずつ変更することは可能であるが，文章の量が多くなると大変な作業となる．そこで「文書2」において[ホーム]タブの右側にある[置換]アイコンを左クリックする．そうすると図3.12のようなダイアログウィンドウが開くので，[検索する文字列]に「。」を，[置換後の文字列]に「．」を入力する．[すべて置換]を実行すると，文章中の「。」がすべて「．」に置き換わっていることがわかる．[置換]ではなく[検索]を使えば，文章中で使用されている語句を探すこともできる．

図3.12 語句の置換

■【演習3.3】総合課題3.1で作成した文章の読点，句点を実際に変換しなさい．

ショートカット 「コピー」，「ペースト」，「検索」，「置換」といった作業は頻繁に行われる．そこで作業の効率を高めるために，リボン上のアイコンをクリックするのではなく，「ショートカット」と呼ばれるキー操作により，これらの機能を使用する方法がある．表3.2に主なショートカットの一覧を示す．表中の[Ctrl]+という表記は「コントロールキー（[Ctrl]）を押しながら」という意味である．つまり[Ctrl]+[X]とあったらコントロールキーを押しながら「x」キーを押すという意味である．また，

表3.2 主なショートカット

キー操作	対応する機能	キー操作	対応する機能
[Ctrl]+[C]	コピー	[Ctrl]+[F]	検索
[Ctrl]+[X]	カット（切り取り）	[Ctrl]+[N]	ファイルの新規作成
[Ctrl]+[V]	ペースト（貼り付け）	[Ctrl]+[O]	ファイルを開く
[Ctrl]+[A]	全範囲を選択	[Ctrl]+[W]	ファイルを閉じる
[Ctrl]+[Z]	直前の操作を元に戻す	[Ctrl]+[S]	ファイルの保存
[Ctrl]+[Y]	直前の操作をやり直す	[Ctrl]+[P]	印刷

[Ctrl]+[Z] は，Word の取り消しボタン（図 3.10 丸印）と同じ操作である．

3.7　オブジェクトの挿入—表，図，写真などを追加する

　Word ではリボンの［挿入］タブを選択することにより，さまざまなものを挿入することができる．

a.　表の挿入

　まずは表を挿入してみよう．新しい「白紙の文書」を作成し，リボンメニューの［挿入］タブを選択する．図 3.13 の「表」の下にある三角部分を左クリックすると図 3.14 のようなメニューが表示される．

　メニューの上半分を構成する 10 列 8 行の□は表の列と行の大きさを示している．例えば 6 列 4 行の表を作成しようと思ったら，このメニューの左から 6 番目，上から 4 番目の□にマウスカーソルを合わせれば，自動的に対応した表が作成される．この方法では視覚的に表の大きさを確認できるので簡単に表を作成できる．

　一方で，作成したい表の大きさを数値で直接指定することもできる．その場合は図 3.14 の［表の挿入］メニューから［表の挿入(I)］を選択して図 3.15 のメニューを呼び出し，行数と列数を入力する．

　また，単純な表ではなく Excel のワークシートを Word 内に埋め込むこともできる．図 3.14 の［表の挿入］メニューから［Excel ワークシート(X)］を選択すると，ワークシートのオブジェクトが埋め込まれる（図 3.16）．このオブジェクトを選択している間は，リボンメニューが Excel のリボンメニューに切り替わり，Excel の機能を使用することができる．作業終了後にオブジェクト以外の場所をクリックすると，リボンメニューは通常の Word のリボンメニューに戻り，表も通常の表のように表示される．ただし，この表をダブルクリックすればいつでも Excel のリボンメニューを呼び出して Excel 上での作業を行うことができる．

> **総合課題 3.2**
> 章末の【資料 2】の表を作成してみよう．

b.　図や写真の挿入

　［挿入］タブでは画像や図形を挿入することができる．図 3.13 のリボンの［画像］アイコンを左クリックすると，［図の挿入］ダイアログボックスが表示される．ダイアログボックスのサイドメニューから［ライブラリ］→［ピクチャ］→［パブリックのピクチャ］を選択すると，Windows 7 の場合は「サンプルピクチャ」というフォルダが見つかる（図 3.17）．

■【演習 3.4】サンプル画像から「菊」を選択して白紙の文書に挿入しなさい．

32   3. ワープロ

図 3.13 [挿入] タブ

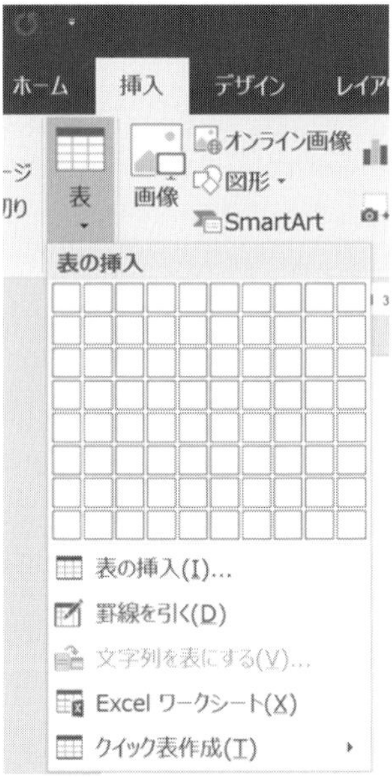

図 3.14 [表の挿入] メニュー

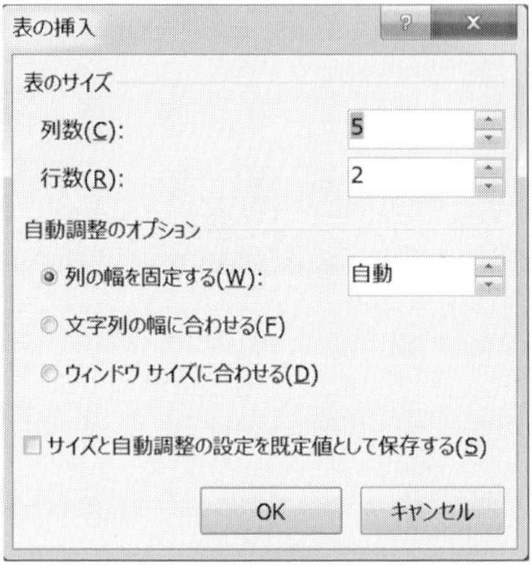

図 3.15 直接数値を指定して表の挿入

図 3.16 Excel のワークシートの埋め込み

c. 図形の描画方法

あらかじめ存在する画像だけでなく，自ら図形を描画することもできる．図3.13のリボンの［図形］の横にある三角部分を左クリックすると図3.18のメニューが表示される．希望のボタンを選択することで直線，四角，楕円，三角，矢印といった図形を文書内に直接描画することができる．また描画した図形は文書内で大きさや方向などを自由に再調整できる．

図3.17 図の挿入（Windows 7の場合）

【演習3.5】白紙の文書に実際に図形を挿入して，その大きさや色を変更しなさい．

d. 空白のページ，ページ区切りの挿入

［挿入］タブではこのほかに「空白のページ」や「ページ区切り」を挿入することができる（図3.13）．「ページ区切り」は新しい章を新しいページから始めたい場合などに便利である．もし改行などでページ区切りを調節すると，前の章の文章を改変したときにページの区切り位置がずれてしまうことがある．しかし「ページ区切り」を挿入しておけばそのようなことは生じない．

3.8 レイアウトを整える

3.8.1 段落—レイアウト，番号，箇条書きの設定

ワープロでは，段落ごとに文字の位置を左・中央・右に揃えたり，箇条書きを簡単に作成することが可能である．新しい白紙の文書を作成し，図3.19に示す例文を入力してみよう．

図3.18 図形の挿入

図3.19の最初の行の「両端揃え」（図3.20⑥）は Word の初期モードであり，とくに指定しなければこの状態になる．「左揃え」，「中央揃え」，「右揃え」はそれぞれ，各段落をマウスで選択した後［ホーム］タブの［段落］グループ（図3.20）から「左」，

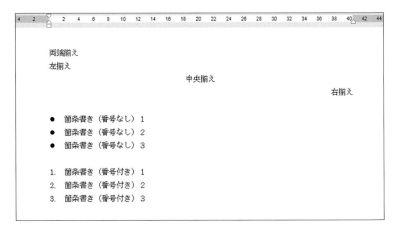

図 3.19 文字の揃え，箇条書きの例

「中央」，「右」のボタン（図中①，②，③）を左クリックすることで実現できる．

番号のない箇条書きは，「箇条書き（番号なし）1〜3」の3行をマウスで選択し，図3.20 ④の「番号のない箇条書き」ボタンを左クリックすることで実現できる．番号付き箇条書きは，同様にして「箇条書き（番号付き）1〜3」の3行をマウスで選択し，図3.20 ⑤の「番号付き箇条書き」ボタンを左クリックすることで実現できる．

図 3.20 文字の揃えと箇条書き

これらの段落に関する情報の詳細は，図3.20で丸で示した部分を左クリックすることで表示することができる．

【演習 3.6】実際に箇条書きを作成し，そのスタイルを変更しなさい．

3.8.2 文字列の方向，段組み，インデント，余白の設定

ワープロは横書きだけでなく，日本語の縦書きにも対応している．図3.21の［レイアウト］タブの左側にある［文字列の方向］アイコンを左クリックすると「横書き」，「縦書き」などのメニューが表示される．

ここで縦書きを選ぶと，図3.22のような縦書きの文章を作成することが可能となる．

1ページの中に複数の**段組み**を作成することも可能である．図3.21の［段組み］アイコンを左クリックすると「1段」，「2段」，「3段」などのメニューが表示される．こ

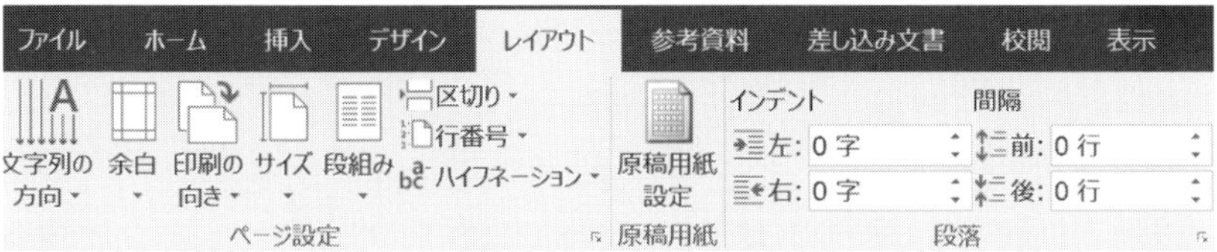

3.8 レイアウトを整える

図 3.21 ［レイアウト］タブ

図 3.22 縦書きの文章の例

図 3.23 段組みの例（2 段）

こで「2 段」を選択すると，文章は図 3.23 に示すように中央で分離されて 2 段組みとなる．この段組みはページ上の任意の場所で変更可能で，同一ページ内に複数の段組みをもつことができる．

図 3.24 インデントの例

　文字の書き始めの位置を変更させて，文章の構造を明確にしたい場合がある．そのとき「空白」を挿入することで，文字の開始位置を調整することもできるが，複数の行にわたって変更する場合は「インデント」の機能を使うとよい．例えば，図 3.21 の［インデント］の数値を変更すると文字の開始位置を変えることができる．ここで［インデント］の［左］を 5 文字に変更すると図 3.24 のように文字の開始位置を変化させることができる．インデントを変更する位置は段落と同様にページ上の任意の位置で可能である．

■【演習 3.7】総合課題 3.1 で作成した文章の段組みを変更しなさい．

　ページ内の上下左右には空白の部分がある．この部分を「余白」と呼ぶが，この余白も［レイアウト］タブで調節可能である．図 3.21 の［余白］アイコンを左クリックすると「標準」，「狭い」，「やや狭い」，「広い」などのメニューが表示される．ここで，例えば「狭い」余白を選択すると，文章の見た目の印象が大きく変わる．

■【演習 3.8】総合課題 3.1 で作成した文章の余白を「広い」に変更しなさい．

3.9　ルーラーの使い方

　リボンの［表示］タブでは，「ルーラー」と呼ばれる目盛りがついた定規や，「グリッド」と呼ばれる罫線を表示させる機能がある．通常は，「ルーラー」は最初から表示されていて，カーソルの位置の確認や調整のために用いられる．図 3.25 に「ルーラー」が表示されている状態と表示されていない状態を示す．

　図 3.26（左）の文章では，段落の最初で 1 字下げる設定になっている．そのため図

3.9 ルーラーの使い方

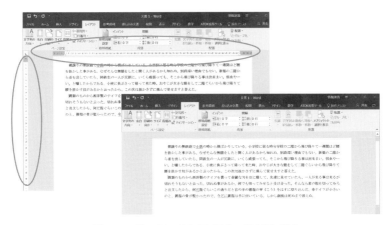

図 3.25　ルーラーの表示(左), 非表示(左)

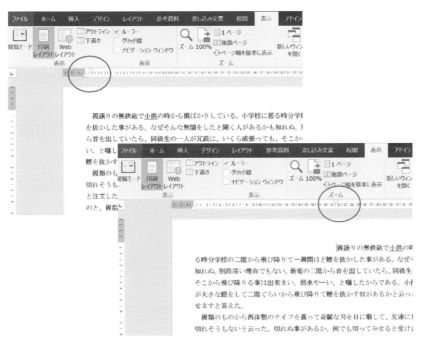

図 3.26　ルーラー位置

3.26(左)に丸で示したように「ルーラー」の上部の三角のマーク(1行目のインデント)の位置が1字分ずれている.このマークを左クリックしてドラッグすると,段落ごとの文字開始位置をずらすことができる(図3.26(右)).

［表示］タブで［グリッド線］にチェックを入れると,画面上にノートの罫線を表示することができる.

【演習3.9】総合課題3.1で作成した文章にグリッド線をつけなさい.

3.10 印刷

作成した文章を印刷してみよう.総合課題3.1で作成した「ぼっちゃん」のファイルを開き,［ファイル］タブ→「印刷」を左クリックすると図3.27の画面になる.「プリンター」のところには自分が使用している環境に応じたプリンター名が表示される.左上にある「印刷」アイコンを左クリックすると印刷が開始される.

【演習3.10】総合課題3.1で作成した文章を印刷しなさい.

図3.27 ファイルの印刷

3.11 その他の機能

a. 数式の挿入

文中に数式を挿入するには,［挿入］タブの［数式］メニュー右側または下の三角部分をクリックする.図3.28のような定型の数式パターンが提示されるので,挿入したい数式があればメニューから簡単に挿入可能である.また,メニューにはない数式を挿入したければ［π］のアイコンをクリックすると図3.29のようにリボンのメニューが数式の挿入メニューに切り替わるので,自分の望む形式の数式を挿入することがで

きる．またオブジェクトの挿入により数式を入力することもできる（6.3.5 f 参照）．

b. 特殊文字の挿入

特殊文字の挿入方法を示す．［挿入］タブ→［記号と特殊文字］メニューをクリックすると記号の一覧が提示されるので（図 3.30），挿入したい記号を選んでクリックすることで記号を簡単に挿入できる．挿入したい記号がメニューに見つからないときは，［その他の記号］をクリックして一覧の中から挿入したい記号を探すとよい（図 3.31）．

c. 英文スペルチェックと文字カウント

［校閲］タブの［スペルチェックと文章校正］をクリックすると，文中の英語のスペルミスを見つけることができる（図 3.32）．またこの［校閲］タブでは文字数をカウントすることもでき，現在までに何文字書いたかを簡単に確認することができる．

d. コメントの挿入

図 3.28 ［数式］メニュー

［挿入］タブの［コメント］を左クリックすると，文中の任意の場所にコメントを挿入することができる（図 3.33）．「ぼっちゃん」の文章の「無鉄砲」のところをマウスで選択し，コメントを挿入した例を図 3.34 に示す．コメント欄にはコメントを付けた人の情報（この例では「情報演習」）が示されるようになっており，誰がコメントを付けたのか容易に判別できるようになっている．

図 3.29 数式の挿入

図 3.30 [記号と特殊文字] メニュー

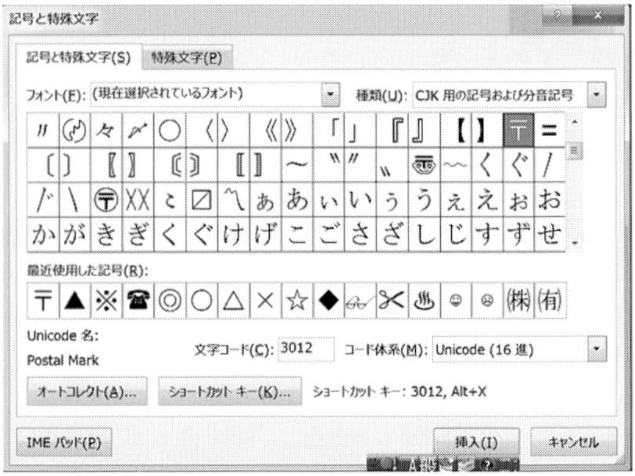

図 3.31 [その他の記号] メニュー

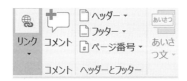

図 3.32 英文スペルチェック

図 3.33 [挿入] タブの [コメント], [ヘッダー], [フッター]

図 3.34 コメントの挿入の例

3.11 その他の機能　　　　　　　　　　　　　　　　41

このように，文書にコメントを付けることで思いついたことをメモ書きしたり，他の人の書いた文書に注釈を付けることも可能となる．このコメントは［校閲］タブの［変更履歴とコメントの表示］の機能を使うことで，コメント自体を消すことなく自由に表示と非表示を切り替えることができる．

e. ヘッダー・フッターの挿入

文章のページ番号のようにページの上下の余白に一定のパターンを表示させたい場合がある．上側の余白を**ヘッダー**，下側の余白を**フッター**といい，［挿入］タブの［ヘッダー］，［フッター］からそれぞれ挿入することができる（図3.33参照）．実際にヘッダー，フッターを挿入した例を図3.35に示す．

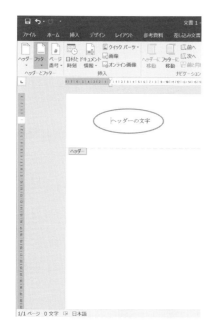

図3.35　ヘッダー（左）とフッター（右）の例

f. 変更操作の記録

Wordでは文章をどのように修正したか記録を残すことができる．［校閲］タブの［変更履歴の記録］をクリックすることで記録を開始することができる（図3.36）．変更履歴やコメントを表示するかどうかは，［変更履歴とコメントの表示］により切り替え可能である（図3.37）．

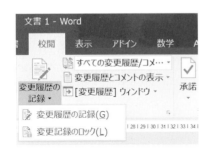
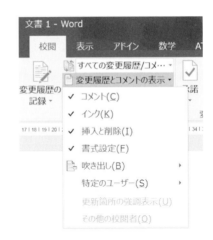

図3.36 ［変更履歴の記録］メニュー　　図3.37 ［変更履歴とコメントの表示］メニュー

図3.38 文字のスタイル

g. デザインの設定

　Wordでは文字に「表題」，「副題」，「見出し1」，「標準」，「強調斜体」，「強調太字」などのスタイルを設定することができる．これらのスタイルは文字にカーソルを合わせた状態で［ホーム］タブの［スタイル］で確認できる（図3.38）．図3.38のリボン部分では「表題」の部分に灰色の枠が表示され，現在のカーソル位置の文字のスタイルが「表題」であることを示している．「表題」の文字は中央揃えとなっているが，これは文字のスタイルとして「表題」を選択すると自動的に設定されるもので，意図的に指定したものではない．

　各スタイルの文字の大きさ，色，書体などは，あらかじめ「ドキュメントの書式設定」として定義されている．リボンの［デザイン］タブで現在のドキュメントの書式設定を見ることができる．図3.38の書式は標準の書式であるが，これを例えば7番目の書式に変更すると，文の内容や構造には一切手を触れることなく，文書のスタイル

3.11 その他の機能

図 3.39 スタイルを変更した文書

だけを変更することができる（図 3.39）．

【演習 3.11】図 3.38 のように，文字のスタイルを指定した文書を作成し，［デザイン］タブにあるさまざまなデザインを試してみよう．

h. オプションの設定

［ファイル］タブ→［オプション］（図 3.40）をクリックすると，各種オプションを変更することができる（図 3.41）．

ここで［文章校正］をクリックすると Word が自動的に行っている各種の校正機能をオン・オフすることができる（図 3.42）．Word の「オートコレクト」は意図しない動作を引き起こすことがあるので，オフにしたほうがよい場合もある．図 3.43 にオ

図 3.40 ［オプション］

図 3.41 Word の各種オプション

ン・オフ可能な「オートコレクト」の一覧を示すので,「オートコレクト」がじゃまと感じたときは,ここで修正するとよい.

MS-IME の入力のオートコレクトについては図 3.2 で示した MS-IME のプロパティのオートコレクトタブを選択することで設定を変更することができる.

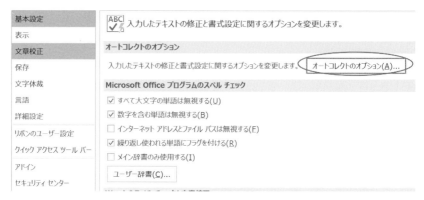

図 3.42　文章校正

図 3.43　Word のオートコレクトのオン・オフ

3.11 その他の機能

【資料1】「ぼっちゃん」(夏目漱石)

　親譲りの無鉄砲で小供の時から損ばかりしている。小学校に居る時分学校の二階から飛び降りて一週間ほど腰を抜かした事がある。なぜそんな無闇をしたと聞く人があるかも知れぬ。別段深い理由でもない。新築の二階から首を出していたら、同級生の一人が冗談に、いくら威張っても、そこから飛び降りる事は出来まい。弱虫やーい。と囃したからである。小使に負ぶさって帰って来た時、おやじが大きな眼をして二階ぐらいから飛び降りて腰を抜かす奴があるかと云ったから、この次は抜かさずに飛んで見せますと答えた。

　親類のものから西洋製のナイフを貰って奇麗な刃を日に翳して、友達に見せていたら、一人が光る事は光るが切れそうもないと云った。切れぬ事があるか、何でも切ってみせると受け合った。そんなら君の指を切ってみろと注文したから、何だ指ぐらいこの通りだと右の手の親指の甲《こう》をはすに切り込んだ。幸ナイフが小さいのと、親指の骨が堅かったので、今だに親指は手に付いている。しかし創痕は死ぬまで消えぬ。

【資料2】

項目	東京都	札幌市	横浜市	名古屋市	大阪市	福岡市
給水人口 (人)	13,089,824	1,934,714	3,726,627	2,405,085	2,690,214	1,478,698
導送配水管延長 (km)	27,516	6,009	9,339	5,848	5,226	4,151
給水戸数 (戸)	7,289,417	933,818	1,809,013	1,261,582	1,536,275	842,661
職員数 (人)	3,603	621	1,646	1,311	1,529	520
給水施設能力 (m^3/日)	6,859,500	835,200	1,820,000	1,424,000	2,430,000	777,787
一日最大配水量 (m^3)	4,559,600	559,990	1,223,100	849,331	1,286,700	435,846
一日平均配水量 (m^3)	4,166,700	514,500	1,143,200	761,400	1,168,300	398,800
料金 (円・税込)	3,414	4,579	3,628	3,777	2,609	4,343
給水原価 (円/m^3) (税込)	205.65	180.00	182.16	176.95	148.30	210.91

東京都水道局の広報・広聴の「東京の水道の概要」より抜粋 (一部改変)

4 表計算ソフトウェア（1）

　表計算ソフトウェアは，数値データの計算，グラフ作成，データ分析が可能な応用ソフトウェアである．表計算ソフトの代表的なものの1つが Microsoft Excel である．本章では Excel の基本的機能，演算，表，グラフの作成方法を説明する．

4.1 Excel の概要

4.1.1 Excel の起動

　Excel を起動するとスタート画面（図 4.1）が表示される．ファイルを新規に作成する場合は［空白のブック］を（①），作業途中のファイルを開く場合は左側にある［他のブックを開く］を選択（②）する．

■【演習 4.1】Excel を起動してみよう．

4.1.2　ファイル（File）・ブック（Book）・シート（Sheet）

　図 4.2 と表 4.1 は Excel のメニューと画面の概要である．Excel の表（シート；

図 4.1　Excel のスタート画面

4.1 Excel の概要

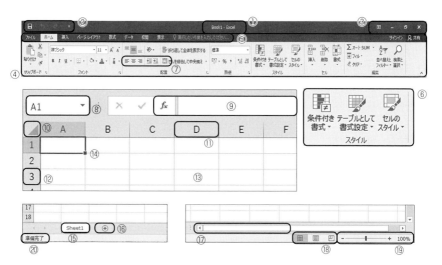

図 4.2 Excel の画面

表 4.1 Excel 画面の名称と役割・用途

図中番号	名称	役割・用途など	図中番号	名称	役割・用途など
①	タイトルバー	ファイル名を表示する.	⑪	列番号	シートの列番号を表示する.
②	クイックアクセスツールバー	よく使用するコマンドを登録して，使用することができる．デフォルトでは，「上書き保存」，「元に戻す」，「やり直し」が登録されている．	⑫	行番号	シートの行番号を表示する.
③	ウィンドウ操作ボタン	アプリケーションウィンドウの操作ボタン．ウィンドウの「最小化」，「元に戻す（縮小）」，「閉じる」ができる．	⑬	セル	シートを構成するマス目.
④	リボン	「タブ」「グループ」「コマンド」で構成された表示画面．	⑭	アクティブセル	現在，入力を受け付けているセル．
⑤	タブ	コマンドの役割ごとの区分を表す．	⑮	シート見出し	シート名を表示し，シートの選択をする．
⑥	グループ	コマンドを枠で囲んでまとめた区分を表す（例：ホームタブの中には，クリップボード，フォント，配置，スタイル等のグループが存在する．）	⑯	新しいシート追加	新しいシートを追加する．
⑦	コマンド	1つ1つの各種操作ボタン，設定情報を入力するボックス，メニューなどを表す．	⑰	スクロールバー	シートの表示領域を変更する．
⑧	名前ボックス	アクティブセルの位置を表示する．	⑱	表示選択ショートカット	表示モードの選択をする．
⑨	数式バー	アクティブセル内に記載された内容が表示する．	⑲	ズーム	シートの表示倍率を変更する．
⑩	全セル選択ボタン	シート内のすべてのセルを選択する．	⑳	ステータスバー	現在の作業状況（読み込み，保存等）を表示する．

4. 表計算ソフトウェア（1）

図 4.3　「名前を付けて保存」画面　　図 4.4　ファイル選択ダイアログ

sheet）は**セル**と呼ばれるマス目から構成されており，各セルにデータや計算式を入力することができる．1つの Excel ファイルは**ブック**（Book）とも呼ばれ，複数個のシート（Sheet）を含めることができる．第1章でも紹介したように Excel ファイルの拡張子は「.xlsx」である．

■【演習 4.2】Excel ファイルの新規保存を行ってみよう．

　［ファイル］タブを選択して，［名前を付けて保存］を選択する．保存する場所を指定するウィザード（図 4.3）が出現するので，［参照］を左クリックし，ファイル選択ダイアログ（図 4.4）を出現させる．そこで［ファイル名］を入力し，［ファイルの種類］が Excel ブック（*.xlsx）となっているのを確認して，［保存］を左クリックする．保存が完了すると，タイトルバーに保存したファイル名が表示される．上書き保存は，クイックアクセスツールバーの■マークを左クリックすることで完了する．

4.1.3　Excel の終了

　ファイルを閉じるときや Excel を終了させるときは，ファイルメニューから［閉じる］を選ぶか，ウィンドウ操作ボタンの■マークを左クリックする．

4.2　Excel の基本操作

4.2.1　セルへの入力

　セル（Cell）には，数字，記号，文字に加えて，数式，関数が入力できる．セルに何か入力する場合，

　　①セルを選択しそのまま入力する
　　②図 4.2 ⑨の数式バーと呼ばれる入力欄から入力する

という 2 つのやり方がある．

【演習 4.3】セル A1 から E1 まで連続した 5 つのセルに 1，2，3，4，5 と数字を入力しなさい．

セルは行（横）と列（縦）を番号やアルファベットで表した**セル番号**で識別される．通常，行は 1 から 1048576（約 100 万行）の数字，列は A から XFD までの 16384 列（約 1 万列）で表示されている．列 A 行 1 のセルを「セル A1」と呼ぶ．

また，列の表示を行と同じく数字で表示することもできる．［ファイル］タブ→［オプション］→［数式］とメニューを選択していき，［数式の処理］項目の［R1C1 参照形式を使用する］にチェックを入れることで列が数値表示となる．

セルはマウスまたは十字キー（［→］，［←］，［↑］，［↓］）で選択する．複数のセルを選択する場合，［Shift］もしくは［Ctrl］を一緒に使用する．

【演習 4.4】セル A1 から E1 まで連続した 5 つのセルを選択しなさい．
　⇒［Shift］を押しながら，対象となるセルをマウスもしくは十字キーで選択する．

【演習 4.5】離れたセル A1，A5，D3 の 3 つのセルを選択しなさい．
　⇒［Ctrl］を押しながら，対象となるセルをマウスで選択する．

4.2.2　行・列の選択

行や列の番号または英字の部分を左クリックすることで，行や列全体を選択できる．［Shift］もしくは［Ctrl］を併用することで，複数の行，列全体を選択できる．また，シート全体を選択する場合は，セル A1 の左上にある三角形のボタン「全セル選択ボタン」を選択する．（図 4.2⑩）

4.2.3　データの修正

セルにデータが入力されているときに，入力データの一部を変更したいときは
　①数式バーから修正したい場所を選択する
　②該当のセルを選択後，ダブルクリックして修正したい場所を選択する
のどちらかで修正が可能である．セルを選択した状態でそのまま入力すると，元のデータは全部消えて新しく入力したデータで上書きされるので注意が必要である．

データを削除したいときは，該当するセルを選択して［Delete］もしくは［Back space］を押す．複数のセルを選択して内容を削除する場合は，複数セル選択後［Delete］を使用する．［Back space］を使用した場合，最初に選択したセルのデータしか削除できないので注意すること．

4.2.4 フィル

Excel は，連続データの自動生成が簡単にできる．連続データとは，等差・等比数列のような数列，曜日，日付，月など（表4.2）のデータの列である．生成するデータを Excel に自動的に判別させる方法をとくに**オートフィル**と呼ぶ．

セルに連続データの第1項と第2項目を入れ，2つのセルを選択する．フィルハンドルをドラッグしながら下にフォーカスを拡げていく（図4.5）と，第1項と第2項目の規則性を Excel が自動的に判別し連続データを生成する．この方法のほかにも［ホーム］タブ→［編集］グループ→［フィル］メニュー→［連続データの作成］コマンドを選択し，条件を指定することにより連続データの作成が可能である．

カーソル✥は，フィルハンドル上に置かれると＋に変わる．この状態でドラッグしながら下にフォーカスを拡げていく．

■【演習 4.6】A1 から A100 まで，1 から 100 までの数値連続データ作成しなさい．

4.2.5 データのコピー，カット，ペースト

セルのデータは以下の方法でコピー&ペーストをすることができる．

(1) ショートカットを使用した方法

コピー対象セルを選択して［Ctrl］+［C］（コピー）→コピー先セルを選択して［Ctrl］+［V］（貼り付け）で行う．

(2) フィルハンドルを使用した方法

表 4.2 ユーザー定義リスト（デフォルト）

1	Sun, Mon, …
2	Sunday, Monday, …
3	Jan, Feb, …
4	January, February, …
5	日, 月, …
6	日曜日, 月曜日, …
7	1月, 2月, …
8	第1四半期, 第2四半期, …
9	睦月, 如月, …
10	子, 丑, …
11	甲, 乙, …

*ユーザ定義リストは，自分がよく使用するデータを登録することが可能である．登録は，［ファイル］タブ→［オプション］→［詳細設定］→［ユーザー設定リストの編集］と進むことで登録用ウィンドウが出現する．

図 4.5 フィルハンドルとオートフィル
丸で示す四角い点がフィルハンドル

コピー対象セルを選択し，フィルハンドルにマウスポインタを合わせてコピーしたい方向（行もしくは列方向）にドラッグしていくことでデータのコピーが可能となる．データのカット＆ペーストは対象セルを選択して［Ctrl］+［X］（切り取り）の後，貼り付け先セルを選択して［Ctrl］+［V］（貼り付け）で行うことができる．

4.2.6　End モード

キーボードの［End］を押すことで END モードとなる．この状態では，ステータスバーに「END モード」と表示される．このモードになっていると十字キーは，データのない所を飛ばして，データのある所に移動する．

【演習 4.7】セル A1 から A100 まで縦にデータが 100 個入っているとき，A1 にあるカーソルを End モードを使用して A100 に移動させてみよう．
ヒント：［End］で End モードとする．セル A1 を選択後，十字キー［↓］を押す．カーソルは一瞬で A100 に移動する．

【演習 4.8】End モードで，セル A1 を選択後，［Shift］を押しながら［↓］を押すとデータが連続で埋まっているセルがすべて選択されることを確かめよう．

【演習 4.9】【演習 4.7】のデータから数個のデータを削除し，途中でデータが抜けた状態にする．そして［End］で End モードとする．セル A1 を選択後，［↓］を押してカーソルがどこにいくか試してみよう．

4.2.7　罫線（ケイセン）

セルの上下左右の線を罫線と呼び，セル内にも斜線という形で引くことができる．対象のセルを選択して，［ホーム］タブ→［フォント］グループ→［罫線］にある▼の［その他の罫線］を選択する．［セルの書式設定］ウィンドウ（図 4.6 (a)）で線種を選択して，右下のプレビュー枠内に必要な罫線を入れていく．複数のセルを選択した場合，プレビュー枠が変化する．（図 4.6 (b)～(d)）

4.2.8　行・列の幅調整

行・列の見出し部分の境界線（図 4.7 の丸表示）にマウスカーソルを当てると，カーソルが ↨，↔ に変形する．その状態でドラッグすると，行高や列幅を広げたり，狭くしたりすることができる．

4.2.9　行・列・セルの挿入と削除

シート上の任意の位置に新しいセルを挿入・削除することができる．ただし，挿入・削除によってセルの位置関係がずれるので以下の注意が必要である．

（a）セルの書式設定とプレビュー枠（セル1個選択時）

（b）縦横複数セル選択時の
　　プレビュー枠

（c）縦複数セル選択時の
　　プレビュー枠

（d）横複数セル選択時の
　　プレビュー枠

図 4.6　罫線の選択

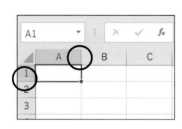

図 4.7　行・列の幅調整

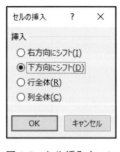

図 4.8　セル挿入ウィンドウ

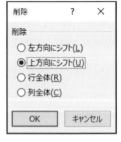

図 4.9　セル削除ウィンドウ

セルを挿入するときは以下の①から④のいずれかを選択する．
　①選択したセルを右方向にずらして，選択した位置に新しいセルを挿入する
　②選択したセルを下方向にずらして，選択した位置に新しいセルを挿入する
　③選択した行全体を下にずらして，選択した行に新しいセルを挿入する
　④選択した列全体を右にずらして，選択した列に新しいセルを挿入する
①，②を選択した場合，セルの一部のみがずれるため注意が必要である．
　具体的な操作方法は，「挿入したい位置にあるセルをマウスで選択」して「右クリック」でメニューを出し，［挿入］を選択すると［セルの挿入］ウィンドウ（図4.8）が出現するので「①から④のうちいずれかを選択」する．
　セルを削除するときは，以下の①から④のいずれかを選択する．
　①選択したセルを削除し，削除したセルの右にあるセルを左方向に移動させる
　②選択したセルを削除し，削除したセルの下にあるセルを上方向に移動させる
　③選択した行全体を削除して，削除した行の下の行を上側に移動させる
　④選択した列全体を削除して，削除した列の右の列を左側に移動させる
①，②を選択した場合，セルの一部のみがずれるため注意が必要である．
　具体的な操作方法は，「削除したい位置にあるセルをマウスで選択」して「右クリック」でメニューを出し，［削除］を選択すると［削除］ウィンドウ（図4.9）が出現するので「①から④のうちいずれかを選択」する．

4.3　Excelの演算機能

4.3.1　四則演算

　セル内に数式を入力することにより，さまざまな計算が可能である．四則演算とべき乗で使用できる演算子を表4.3に列挙する．

　計算をするときは，セルのプロパティを「標準」から「数値」に変更した後，セル内に「=」で始まる計算式を入力する．別のセルに入力された値を使用して四則演算を行う場合，数値を使用するセルをセル番号で指定する．

　例1：A3にある数字を10倍する．
　　「=A3*10」と入力する．
　例2：A3のセルとA4のセル値を足し算する．
　　「=A3+A4」と入力する．

表4.3　四則演算の演算子

演算子	意味
+	加算
-	減算
*	乗算
/	除算
^	べき乗とべき乗根

4.3.2 関数

Excel には関数と呼ばれる計算機能があり，和や平均値をデータのあるセルの位置を指定するだけで計算してくれる．関数を使用するには，セルに「＝関数名（計算させるセルの範囲）」と入力する．

例1：A3 から A100 にある値の合計を算出する．

「＝SUM(A3:A100)」と入力する．範囲を「:」で指定する．

例2：A3 から A100 にある値の平均値を算出する．

「＝AVERAGE(A3:A100)」と入力する．範囲を「:」で指定する．

関数には多数の種類があり，［数式］タブ→［関数ライブラリ］グループから探すことができる．

4.3.3 相対参照と絶対参照

a. セルの位置の指定

Excel はセルを A1, B3 というようにセル番号により座標のような感覚で表現する．さらに，計算の際はセル番号で指定することにより離れた場所にあるセルのデータを使うことができる．この指定のことを参照という．参照の方法，つまりセル番号の指定形式には**相対参照**と**絶対参照**の2つがある．

【演習 4.10】C4 から D9 に図 4.10 の表を作成し，「C12 から D17」に「C4 から D9」を参照することによりもう1つ同じ表を作成してみよう．

参照方法：C12 から D17 のセルに等号と「参照先セルのセル番号」を指定することで参照ができる（図 4.11）．

b. 相対参照

例えば，セル C12 に「＝C4」を記入する（図 4.11）ことは，セル C12 でセル C4 を参照するということである．このとき Excel は，C4 を「C12 から 8 個上のセル」と

	[C]	[D]
[4]	商品	購入数
[5]	ディスプレイ	3
[6]	ハードディスク	6
[7]	CPU	2
[8]	マウス	10
[9]	計	＝SUM(D5:D8)

図 4.10 商品と購入数1（演習用）

	[C]	[D]
[12]	＝C4	＝D4
[13]	＝C5	＝D5
[14]	＝C6	＝D6
[15]	＝C7	＝D7
[16]	＝C8	＝D8
[17]	＝C9	＝D9

図 4.11 参照方法

解釈している．つまり，参照するセルを自分のセルから何個ずれているかと相対的 (C12 を中心) に解釈している．このような相対的にセル指定する方法を相対参照と呼び，Excel ではデフォルトの参照形式である．

また，Excel におけるセルの表現には「=A1」といったアルファベットと数字の組み合わせ表記のほかに，R (Row) と C (Column) を使用した表記方法もある．例えば，セル C12 で C4 を参照する場合「=R [-8] C [0]」と入力する．この表記は，R1C1 参照形式と呼ばれ，Excel のオプションから設定する必要があるが，相対的に参照していることがわかりやすい表記である．(4.2.1 項参照)．

【演習 4.11】図 4.10 の表に，図 4.12 のように単価，消費税，計の項目を付け加え，網掛けの部分はフィルハンドルを利用したコピーを試してみよう．

	[C]	[D]	[E]	[F]	[G]
[4]	商品	購入数	単価	消費税 (8%)	計
[5]	ディスプレイ	3	36000	=E5*0.08	=(E5+F5)*D5
[6]	ハードディスク	6	8900	↓ フィル	↓ フィル
[7]	CPU	2	53000		
[8]	マウス	10	1500		
[9]	計		=SUM(D5:D8) → フィル		

図 4.12 商品と購入数 2

E9 は「=sum(E5:E8)」，F6 は「=E6*0.08」，G6 は「=(E6+F6)*D6」となる．フィルによってコピーが行われているが，E9 では 1 つ隣の列にコピーを行うために，sum 関数の中身は 1 つ列がずれた E 列を参照する．このように相対参照の場合，最初のセルを起点として，列・行方向にずらしながら参照する．

【演習 4.12】【演習 4.11】で作成した表を【演習 4.10】で作成した参照方法にならい参照してみよう．そして，D5 から E8 のセルの値 (購入数，単価) を変化させると参照したセルの値も変化することを確認しよう．

c. 絶対参照

相対参照を使って入力した式は，コピーをすることで自動的に参照先のセル番号が変更される．参照先のセル番号を変えたくないときは，行・列の番号に「$」を付けて表現する．これを絶対参照と呼んでいる．絶対参照でセル位

表 4.4 絶対座標指定例

C4	行列ともに固定
$C4	列のみ固定
C$4	行のみ固定

置を指定したときは，コピーやフィル時もセル番号が変わらない．

【演習 4.13】次の①から③を試してみよう．
① I4 に ＝＄C＄4 と入力し，行・列方向にフィルをかけてみる．
② I11 に ＝＄C4 と入力し，行・列方向にフィルをかけてみる．
③ I18 に ＝C＄4 と入力し，行・列方向にフィルをかけてみる．

これら 3 つを試して，＄ の付け方でセルの値が変化する箇所としない箇所を確認してみよう．列に ＄ を付けて横にフィルをかけても列がずれないこと（絶対的にその列を参照），行に ＄ を付けて縦にフィルかけても行がずれないこと（絶対的にその行を参照）がわかる．

また，これらの絶対参照・相対参照の入力は，＄ を打ち込む以外にもセル番号を選択して［F4］を押すことで，行列相対参照（例：A4）→行列絶対参照（例：＄A＄4）→行絶対参照・列相対参照（例：A＄4）→列絶対参照・行相対参照（例：＄A4）を順番に切り替えることができる．

4.4 表の作成

ここでは罫線を使って入力したデータを表らしく見せる方法を説明する．表 4.5 のようにすべてのセルに罫線を引く場合は，データが入力されているセルすべてを選択し，［ホーム］タブ→［フォント］グループの罫線コマンド中の［格子］を選択する．

罫線の状態によって，選択するセルを変えて下罫線，上罫線，右罫線，左罫線，枠なしなどを組み合わせることもできる．例えば，表 4.6 の場合，データが入っているすべてのセルを選択後，縦罫線（内側）と下罫線を選択し，1 行目，2 行目を選択し横罫線（内側）を選択する．

表 4.5 出生数，死亡数の年次推移[*]

年	出生数（人）	死亡数（人）
2010	1071304	1197012
2011	1050806	1253066
2012	1037231	1256359
2013	1029816	1268436

[*] 平成 25 年（2013）人口動態統計（確定数）の概況 第 2 表 -1 より引用

■【演習 4.14】罫線を使って表 4.6 のデザインを実現してみよう．

4.5 グラフの作成

4.5.1 概要

Excel では，縦棒グラフ，折れ線，散布図，等高線図など大きく分けて 11 種類のグラフを作成できる．表 4.6 のデータを使い，折れ線グラフの作成方法を説明する．

4.5 グラフの作成

(1) データを用意する

今回は，説明の都合上，以下の2パターンのデータを用意する．

　パターン1：表4.6の「月」の文字をセルに入れたままのデータ

　パターン2：表4.6の「月」の文字をセルに入れないで空白にしたデータ

(2) コマンドからグラフを作成する

パターン1のデータをすべて選択後，[挿入] タブ→ [グラフ] グループ→ [折れ線] を選択する．月，札幌，大阪，高知，那覇の5つの系列をもったグラフ（図4.13）が作成される．

表 4.6　月別降水量（mm）

月	札幌	大阪	高知	那覇
1	143.5	93	123	22
2	59.5	25.5	72.5	47
3	125.5	174.5	254	95.5
4	90	107	270	100
5	37	104	185.5	197.5
6	66.5	196	314.5	38
7	64	358	478.5	369
8	131.5	185.5	325.5	278
9	198	163	376	46.5
10	98	40.5	54	63.5
11	137	111.5	198	95
12	124	90	315	73

一方，パターン2のデータをすべて選択後，[挿入] タブ→ [グラフ] グループ→ [折れ線] を選択すると，札幌，大阪，高知，那覇の4つの系列をもったグラフ（図4.14）が作成される．パターン1では，月のデータを変えるとグラフの形が変わり，横軸は変更されない．しかし，パターン2では月のデータを変えると横軸の表記が変わる．このように，Excel は，項目が入力されているデータは，1つの系列データと判断して折れ線を作成するので注意が必要である．

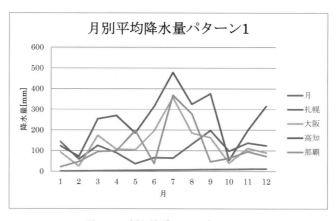

図 4.13　折れ線グラフのパターン 1

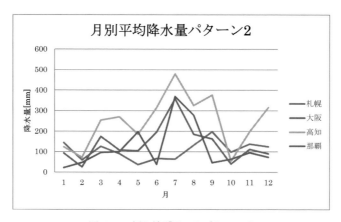

図 4.14　折れ線グラフのパターン 2

4.5.2　連続していない列データからのグラフ作成

表 4.6 のデータで大阪，那覇のデータだけグラフ化したいという場合がある．この場合，必要なデータのみを［Ctrl］を使用して選択する．

まず，表 4.6 の 1 列目（項目の月の文字は削除）を選択し，次に［Ctrl］を押しながら，3 列目を選択，続いて［Ctrl］を押しながら 5 列目を選択する．そして，［挿入］タブ→［グラフ］グループ→［折れ線］を選択すると大阪，那覇の 2 つの系列をもったグラフが作成される．ただし，前項で説明したように項目に月の文字があれば月，大阪，那覇の 3 つの系列のグラフが作成される．

4.5.3　y 軸の 2 軸化

異なる単位のデータを 1 つのグラフにまとめる場合，左右に y 軸をそれぞれ設定できる．この y 軸の 2 軸化は，まずグラフを作成し，［グラフツール］タブ（図 4.15）内の［レイアウト］タブ（Excel2016 以前では［書式］タブ）を選択し，［現在の選択範囲］グループ[1]で別軸にしたい系列を選択する．そして，同じグループの［選択対象の書式設定］を選択すると，データ系列の書式設定ウィンドウが表示される．［系列のオプション］における使用する軸を「第 2 軸」に選択する．これにより 2 軸のグラフを作成できる．

---

[1] Excel2016 では［レイアウト］タブが廃止されている．Excel2013 の［現在の選択範囲］グループは，［書式］タブに存在する．

4.5 グラフの作成

4.5.4 グラフの装飾

プレゼンテーション，論文などでグラフを提示する場合，タイトル，横軸名称，縦軸名称，単位などの記載が必要となる．レイアウトを整えるために，［グラフツール］タブ（図4.15）を出現させる．［グラフツール］タブは，対象のグラフを左クリックしてフォーカスを合わせると出現する．［グラフツール］タブ内の［デザイン］タブにある［グラフのレイアウト］グループ内に，11個の基本レイアウトが用意されているのでそこからレイアウトを選び設定することができる[*2]．

［グラフのレイアウト］グループには，横軸ラベル，縦軸ラベルなどいくつかの部品がセットとなったレイアウトが提供される．作成したいレイアウトに足りない部品がある場合は，［グラフツール］タブ内の［レイアウト］タブに［ラベル・軸］グループ[*3]があるので，このメニューから足りない部品を追加していくことができる．

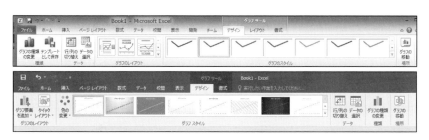

図4.15　［グラフツール］タブ（上：Excel2013，下：Excel2016）

【演習4.15】表4.6の「パターン2」データから作成したグラフに，グラフタイトル，縦軸名称，横軸名称，単位を加えて，図4.14のようにグラフを完成させなさい．

4.5.5 散布図の作成

数学などで扱う $y = ax$ など関数の関係にあるデータをグラフ化する場合や，縦軸と横軸の関係性を議論したい資料としてグラフを作成する場合，散布図を使用する．散布図を選択した場合，Excelでは自動的に，<u>選択したデータの1列目が横軸のデータ，以降の列はすべて縦軸のデータであると解釈</u>してグラフが作成される．

[*2] Excel2016では［グラフのレイアウト］グループは，［グラフの要素を追加］コマンドと［クイックレイアウト］コマンドの2つのコマンドをもっている．レイアウトを選択するためには，［クイックレイアウト］コマンドのほうを使用する．

[*3] Excel2016では［レイアウト］タブが廃止されている．Excel2013の［ラベル・軸］グループは，［デザイン］タブの［グラフのレイアウト］グループ内にある「グラフの要素を追加」コマンドに存在する．

4. 表計算ソフトウェア (1)

【演習 4.16】散布図を作成してみよう．

ヒント 1：x, y 列を作成する．x 列は 0 から 10 まで 0.1 刻みで連続データを作成する．y 列には「=sin(*)」(* は x のセルを参照) を入力して x 列に対応したデータを作成する．

ヒント 2：x, y 列のデータすべてのデータを選択して [挿入] タブ→ [グラフ] グループ→ [散布図] を選択する．

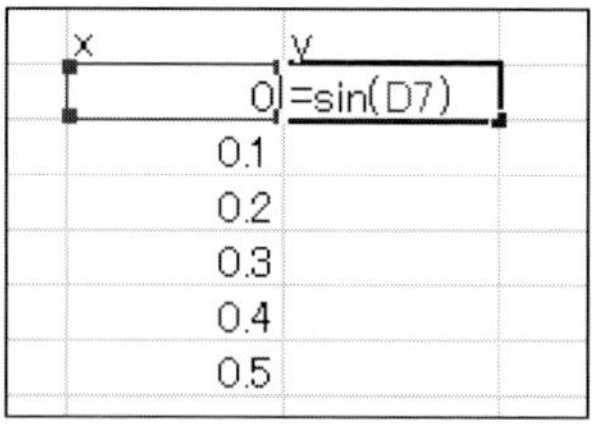

x	y
0	=sin(D7)
0.1	
0.2	
0.3	
0.4	
0.5	

図 4.16 散布図データ作成方法

5
表計算ソフトウェア (2)

　第4章ではExcelの基本的機能，演算，表，グラフの作成方法について説明した．この章では，Excelで行うことができるデータの抽出，加工方法を説明する．

5.1　フィルター

5.1.1　オートフィルター

　データ列やデータ行から特定のデータをふるいにかけて選び出したいときに使用する．「見出し行」を含むすべての「データ」を選択して，［データ］タブの［並び替えとフィルター］グループ→［フィルター］の順に選択すると見出し行にオートフィルター矢印　が表示される．データの先頭行はExcelが自動的に見出し行だと判断するので注意が必要である．オートフィルター矢印をクリックすると［抽出メニュー］（図5.1）が表示される．この抽出メニューからフィルターの条件を決定してデータの選び出しを行う．

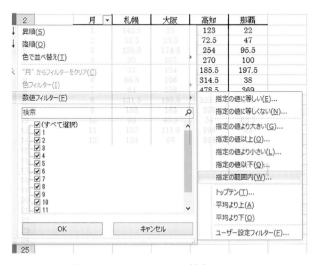

図5.1　オートフィルター抽出メニュー

【演習 5.1】第 4 章表 4.6 で作成したデータをオートフィルターを使用して降水量を昇順に並べかえなさい．

5.1.2 複数条件からのデータ抽出

表 4.6 のデータについて，例えば「札幌の降水量が 100 mm 以上かつ那覇の降水量が 50 mm 以下」の月を抽出したいとする．空いているセルに図 5.2 のように条件を用意して，[データ] タブ→[並び替えとフィルター]→[詳細設定] と進むと，ウィンドウ（図 5.3）が表示されるので，リスト範囲に対象データ（ここでは表 4.6 全体），検索条件範囲に抽出条件（ここでは図 5.2 全体）を指定する．これにより，抽出条件を満たしたデータが抽出される．

札幌	那覇
>100	<50

図 5.2 抽出条件
条件の不等号，数値は半角を使用する

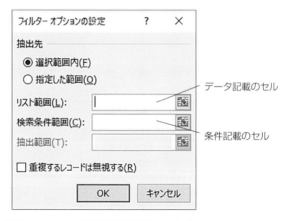

図 5.3 データ抽出の詳細設定用ウィンドウ

5.2 関数と分析ツール

4.3.2 項で説明したように，Excel には入力したデータからさまざまな計算を行ってくれる関数と呼ばれる便利な機能がある．そして，関数の機能を組み合わせて，複数の分析処理を行ってくれる分析ツールと呼ばれる機能もある．ここでは，サンプルデータを生成しながら関数の使い方を学習する．

5.2.1 RANDBETWEEN 関数

RANDBETWEEN 関数は指定した最小値，最大値の範囲内で整数の乱数を発生させ

5.2 関数と分析ツール

る関数である．書式は

=RANDBETWEEN(最小値,最大値)

となる．1から100までの範囲で乱数を発生させる場合は=RANDBETWEEN(1,100)をセルに入力する．

5.2.2 CHAR関数

CHAR関数は，数値で指定された文字を発生させる関数である．書式は

=CHAR(数値)

となる．WindowsではASCIIコード（章末表を参照のこと）が使用される．コンピューターの文字セット内で65（WindowsではA）で表される文字を表示させる場合は=CHAR(65)をセルに入力する．

【演習5.2】RANDBETWEEN関数，CHAR関数を使用して3文字のアルファベットによるダミーデータを30個生成しなさい．ただし，最初の1文字は大文字，残りの2文字は小文字として，1文字目と2文字目の間には半角スペースを入れること．

ヒント1：

大文字のA-Zの文字を乱数により発生

=CHAR(RANDBETWEEN(65,90))

小文字のa-zの文字を乱数により発生

=CHAR(RANDBETWEEN(97,122))

文字列の接続：&を使用する．

半角スペース：半角スペースを" "（ダブルクォーテーション）で囲む．Excelではダブルクォーテーションで囲まれた文字は，数値ではなく文字列として認識される．

ヒント2：

=CHAR(RANDBETWEEN(65,90))
&" "&CHAR(RANDBETWEEN(97,122))&
CHAR(RANDBETWEEN(97,122))

5.2.3 LEFT関数，RIGHT関数，MIDDLE関数

LEFT関数，RIGHT関数，MIDDLE関数は，対象の文字列から，文字（列）を抜き出すことができる．書式は

=LEFT(対象文字列,抜き出す文字数)

（例：=LEFT("Test",2)は，文字列左から2文字を抜き出すのでTeが抜き

出される.)

=RIGHT(対象文字列, 抜き出す文字数)

(例：=RIGHT("Test",3) は，文字列右から3文字を抜き出すので est が抜き出される.)

=MIDDLE(対象文字列, 抜き出す文字の開始位置, 抜き出す文字数)

(例：=MIDDLE("Test",3,1) は，文字列3文字目から1文字を抜き出すので s が抜き出される.)

【演習 5.3】【演習 5.2】で作成したダミーデータから先頭の文字（大文字）のみを抜き出しなさい.

【演習 5.4】【演習 5.2】で作成したダミーデータから小文字のみを抜き出しなさい.

【演習 5.5】体重，身長を RANDBETWEEN で任意に生成後，BMI を計算しなさい.

ヒント1：65 から 80 の値を乱数により発生させる.

=RANDBETWEEN(65,80)

ヒント2：155 から 180 の値を乱数により発生させる.

=RANDBETWEEN(155,180)

ヒント3：BMI = 体重(kg) ÷ [身長(m)]^2

5.2.4 ROUND 関数，ROUNDDOWN 関数，ROUNDUP 関数

ROUND 関数，ROUNDDOWN 関数，ROUNDUP 関数はそれぞれ四捨五入，切り捨て，切り上げを行う関数である．書式は

=ROUND(対象の数値, 桁数), =ROUNDDOWN(対象の数値, 桁数),

=ROUNDUP(対象の数値, 桁数)

となる.

【演習 5.6】【演習 5.5】で算出した BMI の計算結果を四捨五入しなさい.

5.2.5 IF 関数

IF 関数は，論理関数と呼ばれる関数の1つである．等号や不等号による判別をする式を与えて，真か偽かを判別する．書式は，

=IF(判別式, 真の場合の処理, 偽の場合の処理)

となる．ここでは，BMI の基準を用いて IF 関数を使用してみる.

(1) BMI が入力されているセルを A1 とし，判別結果を B1 に表示する．判別は，18.5 未満（痩せ型）かどうかを判別する.

=IF(A1<18.5,"痩せ型","痩せ型でない")

この状態では，痩せ型かどうかしか判別できないため，痩せ型か普通か肥満かを判別

するには先の結果をさらに IF 関数により処理する必要がある．
(2) BMI が入力されているセルを A1 とし，判別結果を B1 に表示する．判別は，
18.5 未満（痩せ型），18.5 以上 25 未満（普通型），25 以上（肥満型）の基準により行
う．

=IF(A1<18.5,"痩せ型",IF(A1<25,"普通型","肥満型"))

このように，IF 文の中に IF を入れる形とする．この入れ子にする方法をネストすると呼ぶ．

【演習 5.7】IF 文をネストして BMI を 3 段階（18.5 未満（痩せ型），18.5 以上 25 未満（普通型），25 以上（肥満型））で判別しなさい．

5.2.6 分析ツールによるヒストグラムの作成

Excel には分析ツールと呼ばれるいくつかの関数を組み合わせなければできない計算をまとめて行ってくれる便利なツールがある．［データ］タブ→［分析］→［データ分析］（図 5.4）から利用できる．t 検定，分散分析などの統計計算，信号処理に使用されるフーリエ解析なども用意されている．ここでは例としてヒストグラムの作成方法を説明する．

図 5.4 データ分析メニュー

図 5.4 のヒストグラム・ツールを使用すると，「対象となるデータ」，「データ区間のセル範囲の個別頻度」および「累積頻度の計算」を自動的に行ってくれる．ただし，その前にデータ区間を用意しなければならない．ここでは，表 5.1 のデータを使用してヒストグラムを作成する．
① データ区間の作成
　身長のデータ区間を 5 cm としてヒストグラム作成する．そのために，データ区間として表 5.2 をシートの空いた場所にあらかじめ入力しておく．
② ヒストグラムの作成
　データ分析メニューでヒストグラムを選択するとヒストグラム作成用のウィンドウ

（図5.5）が表示されるので各項目を以下のように入力して［OK］をクリックする．
　　入力範囲：身長のデータ列を入れる．（表5.1）
　　データ区間：5 cm 刻みのデータ列入れる．（表5.2）
　　ラベル：入力範囲に項目（身長 cm）の文字を入れた場合のみチェックを入れる．
　　出力先：結果を表示させる場所のセル（1箇所）を選択して入れる．そこにデー

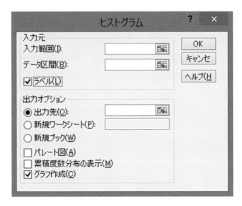

図5.5　ヒストグラム作成用のウィンドウ

表5.1　身長，体重，BMI

身長 cm	体重 kg	BMI	身長 cm	体重 kg	BMI
184	75	22.15	178	70	22.09
190	65	18.01	168	80	28.34
157	78	31.64	171	74	25.31
159	79	31.25	166	75	27.22
161	76	29.32	181	73	22.28
182	73	22.04	168	77	27.28
181	73	22.28	159	75	29.67
158	69	27.64	163	70	26.35
189	78	21.84	163	74	27.85
179	68	21.22	161	66	25.46
166	80	29.03	165	75	27.55
178	68	21.46	159	70	27.69
159	77	30.46	174	65	21.47
184	67	19.79	171	76	25.99
189	78	21.84	182	77	23.25

表5.2　身長のデータ区間
155 のセルは 150 cm より大きく 155 cm 以下を表している

155
160
165
170
175
180
185
190

タがある場合は上書きされるので注意する．

グラフの作成：チェックを入れる．

> 【演習 5.8】表 5.1 の体重，BMI について自分でデータ区間を作成しヒストグラムを作成しなさい．

5.3　ウィンドウ枠の固定

　データ量が多くなったとき，先頭行や先頭列を頻回にスクロールで確認する場合がある．そのとき，常時表示したいセルをウィンドウの枠で表示させたままにしておくことができる．ウィンドウ枠の固定は，［表示］タブ→［ウィンドウ］→［ウィンドウ枠の固定］から操作する．

a.　先頭行の固定と先頭列の固定

　［先頭行の固定］，［先頭列の固定］では，**現在ウィンドウに見えている先頭行，先頭列を各々，固定する**．スクロールしてもデータの項目を確認することができる．

b.　ウィンドウ枠の固定

　［ウィンドウ枠の固定］では，任意で固定する位置を決められる．例えば，A 列，B 列と 1 から 4 行目を固定したい場合，C5 にカーソルを合わせて［ウィンドウ枠の固定］をクリックする．つまり，固定するラインがクロスする点がセルの左上となるセルを選択して［ウィンドウ枠の固定］をクリックする．

章末表　ASCII 文字コード表

16進数	10進数	文字	16進数	10進数	文字	16進数	10進数	文字
00	0	NUL	2B	43	+	56	86	V
01	1	SOH	2C	44	,	57	87	W
02	2	STX	2D	45	-	58	88	X
03	3	ETX	2E	46	.	59	89	Y
04	4	EOT	2F	47	/	5A	90	Z
05	5	ENQ	30	48	0	5B	91	[
06	6	ACK	31	49	1	5C	92	\¥
07	7	BEL	32	50	2	5D	93	]
08	8	BS	33	51	3	5E	94	^
09	9	HT	34	52	4	5F	95	_
0A	10	LF	35	53	5	60	96	`
0B	11	VT	36	54	6	61	97	a
0C	12	FF	37	55	7	62	98	b
0D	13	CR	38	56	8	63	99	c
0E	14	SO	39	57	9	64	100	d
0F	15	SI	3A	58	:	65	101	e
10	16	DLE	3B	59	;	66	102	f
11	17	DC1	3C	60	<	67	103	g
12	18	DC2	3D	61	=	68	104	h
13	19	DC3	3E	62	>	69	105	i
14	20	DC4	3F	63	?	6A	106	j
15	21	NAK	40	64	@	6B	107	k
16	22	SYN	41	65	A	6C	108	l
17	23	ETB	42	66	B	6D	109	m
18	24	CAN	43	67	C	6E	110	n
19	25	EM	44	68	D	6F	111	o
1A	26	SUB	45	69	E	70	112	p
1B	27	ESC	46	70	F	71	113	q
1C	28	FS	47	71	G	72	114	r
1D	29	GS	48	72	H	73	115	s
1E	30	RS	49	73	I	74	116	t
1F	31	US	4A	74	J	75	117	u
20	32	SP	4B	75	K	76	118	v
21	33	!	4C	76	L	77	119	w
22	34	"	4D	77	M	78	120	x
23	35	#	4E	78	N	79	121	y
24	36	$	4F	79	O	7A	122	z
25	37	%	50	80	P	7B	123	{
26	38	&	51	81	Q	7C	124	|
27	39	'	52	82	R	7D	125	}
28	40	(	53	83	S	7E	126	~
29	41	)	54	84	T	7F	127	DEL
2A	42	*	55	85	U			

6 プレゼンテーション（1）

6.1 プレゼンテーションの意義と手法

情報や研究成果を他人に正しくわかりやすく伝えることは重要である．これによりディスカッションが可能となり，情報の精査や研究を推進することができる．プレゼンテーションは情報や研究成果を伝える重要な方法であり，プレゼンテーションソフトウェアで作成したスライドをモニタやスクリーンに投影しながら説明をする手法が一般的である．

6.2 プレゼンテーションソフトウェア

スライド作成用のプレゼンテーションソフトウェアとしては，Microsoft Office の PowerPoint（Windows および macOS 用．有償），LibreOffice の Impress（Windows および macOS 用など．無償），iWork の Keynote（Mac や iOS 機器の新規購入者に対し無償）などがある．スライドでは，タイトルや文章，図表の書き込み・貼り付け，図形描画という作業を行う（図 6.1）．プレゼンテーションの際には，「スライドショー」という表示方法で，スライドを表示する．本章では，Microsoft 社のプレゼンテーションソフトウェア PowerPoint 2016 を使用し，スライドの基本的な作成方法を解説する．

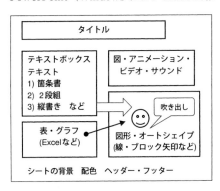

図 6.1 スライドの概念

6.3 プレゼンテーションスライドの作成

総合課題
章末の【資料6.1～6.3】を使ってスライドを作成し，PowerPointの基本的な機能を学習しよう．

6.3.1 PowerPointの起動とウィンドウ構成

［スタートメニュー］から，PowerPointアプリケーションを左クリックして選択すると，PowerPointが起動する（図6.2）．次に［新しいプレゼンテーション］を選択すると（図6.3），PowerPointウィンドウ（図6.4）が表示される．

【演習6.1】PowerPointを起動してPowerPointウィンドウを表示した後，各「タブ」（ファイル，ホーム，挿入，デザイン，画面切り替え，アニメーション，スライドショー，校閲，表示）の「リボン」，「グループ」の内容を確認しなさい．また，「タブ」をダブルクリックしたときの変化も確認しなさい．

6.3.2 スライドとレイアウト

起動直後のスライドペイン中央には，通常，タイトルスライド1枚が表示される（図6.4）．［ホーム］タブ（図6.5①）が表示されていることを確認した後，［スライド］グループの［新しいスライド▼］のアイコン（図6.5②）を左クリックすると，

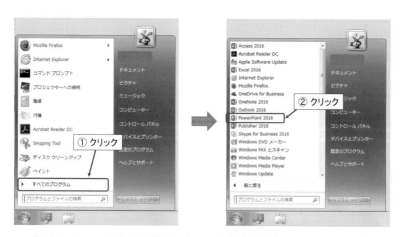

図6.2　PowerPointアプリケーションの起動事例（Windows7の画面）

6.3 プレゼンテーションスライドの作成

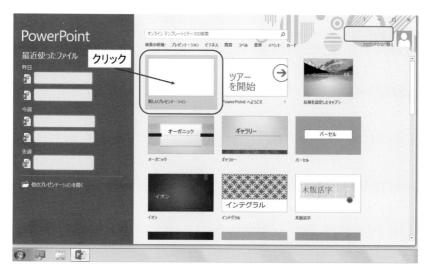

図 6.3 新しいプレゼンテーションの作成方法

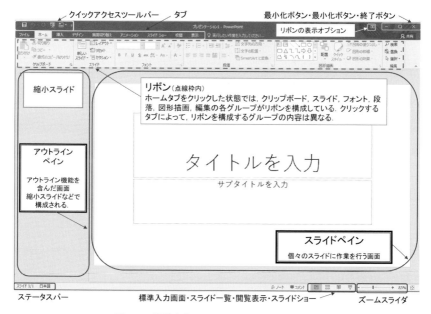

図 6.4 起動直後の PowerPoint ウィンドウ

タイトルスライドの次にスライドが1枚追加される．このとき，左側のアウトラインペインに縮小スライド（図6.6ⓐ）も表示される．このように追加されたスライドのレイアウトは，通常「タイトルとコンテンツ」（図6.6ⓑ）と呼ばれるレイアウトのスライドである．ただし，スライド作成状況によっては，追加スライドのレイアウトが変わることがある．

また，［新しいスライド▼］の「▼」（図6.7①）を左クリックして，Officeテーマウィンドウ（図6.7②）内のレ

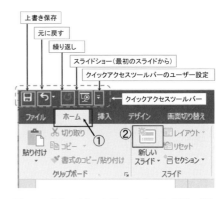

図6.5 ［ホーム］リボンの［スライド］グループおよびクイックアクセスツールバー

イアウトを選択してスライドを追加することもできる．このウィンドウの下部には，［選択したスライドの複製］（図6.7③）も表示されている．作成済みのスライドを修正して新しいスライドを作成したい場合，この機能を利用すると便利である．

【演習6.2】タイトルスライド（スライド1）の後に，スライドを4枚追加しなさい．ただし，スライド2のスタイルは「2つのコンテンツ」に，スライド3とスライド4は「タイトルとコンテンツ」に，スライド5は「タイトルのみ」にすること．

6.3.3 スライドマスターの書式設定

タイトルスライドを表示させた後，［表示］タブを左クリックしてリボン（図6.8

図6.6 スライド挿入後のアウトラインペインとスライドペイン

6.3 プレゼンテーションスライドの作成

①）を表示し，［マスター表示］グループの［スライドマスター］（図6.8②）を左クリックすると，［スライドマスター］タブの下に［スライドマスター］のリボンが表示される（図6.9①）．スライドマスター内のスライドの書式を変えることによって，全てのスライドスタイルに共通した書式（フォントの種類，大きさ，色，位置調整，箇条書き記号，背景など）が設定できる．

設定するスライドスタイルは，アウトラインペイン内のスライドを左クリックして選択する．例えば【演習6.2】を行った後にスライドマスター表示を行うと，図6.10となる．図中のⓐは

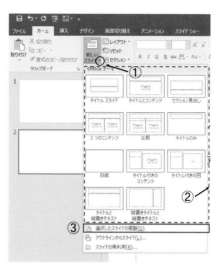

図6.7 ［Officeテーマ］ウィンドウとスライドの複製

「Officeテーマ スライドマスター（スライド1-5）」，ⓑは「タイトルスライドレイアウト（スライド1）」，ⓒは「タイトルとコンテンツレイアウト（スライド3-4）」，ⓓは「2つのコンテンツレイアウト（スライド2）」，ⓔは「タイトルのみレイアウト（スライド5）」である．

なお，設定後は［マスター表示を閉じる］（図6.9②）を左クリックする．

図6.8 ［表示］タブクリック後のリボン

図6.9 ［スライドマスター］（図6.8の②）クリック後のリボン

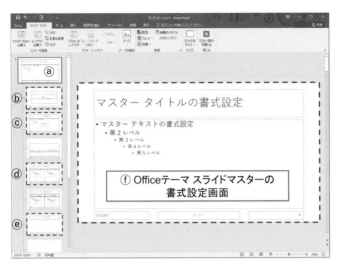

図 6.10　スライドマスターの書式設定画面

【演習 6.3】【演習 6.2】を行った後，［スライドマスター］リボンを表示させ，各スライドマスターの内容を確認しなさい．

　いま，アウトラインペイン内の最上部の［縮小スライド］（図 6.10 ⓐ）を左クリックすると，スライドペイン内のスライドは，［Office テーマ スライドマスター］の書式設定画面（図 6.10 ⓕ）となる．「マスタータイトルの書式設定」や「マスターテキストの書式設定」の点線枠（プレースホルダー枠）が何も選択されていない状況で右クリックしたのち［背景の書式設定］（図 6.11 ①）を選ぶと，スライドペイン右側には［背景の書式設定］メニュー（図 6.11 ②）が開く．ここで，［塗りつぶし（図またはテクスチャ）］（図 6.11 ③）を選択し，図 6.11 の④のアイコンを左クリックしてサブメニュー（図 6.11 ⑤）内のテクスチャ（図 6.11 ⑥，「青い画用紙」の選択例）を選択すると，スライドマスター全体の背景が選択できる．［背景の書式設定］メニューを消すには，このメニューの右上にある［×］ボタン（図 6.11 ⑦）を左クリックする．

【演習 6.4】［スライドマスター］全体の背景を「青い画用紙」に設定しなさい．また，テクスチャ内の背景の名称は，背景のテクスチャにカーソルを重ねると表示されることも確認しなさい．

　スライドマスターでは，「マスタータイトル書式設定」や「マスターテキストの書式設定」などの文字範囲を選択した後に右クリックすることでも，書式設定のための各

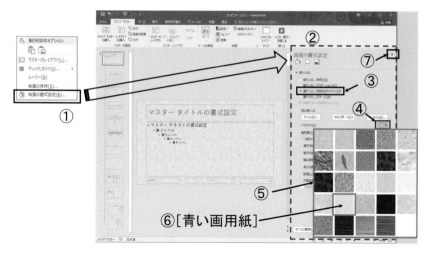

図 6.11 スライドマスターの背景の書式設定の例

種のサブメニュー（図 6.12 および図 6.13）が表示される．前述のとおり，スライドマスターの書式設定が終了したら，［マスター表示を閉じる］（図 6.9 ②）を左クリックする．

【演習 6.5】「2 つのコンテンツレイアウト」（図 6.10 ⓓ）において，スライドマスター左側のプレースホルダー枠の第 1 レベルの箇条書き記号を「四角塗りつぶし「■」（サイズ 50％）」に，第 2 レベルの行頭文字を「矢印「▸」（サイズ 100％）」に，［マスタータイトルの書式設定］のフォントの色を［赤］に，フォントのスタイルを［太字（Bold）］に設定した後，マスター表示を閉じなさい．

図 6.12 スライドマスターの書式設定例 ①

76　　　　　　　　　　　　　6.　プレゼンテーション (1)

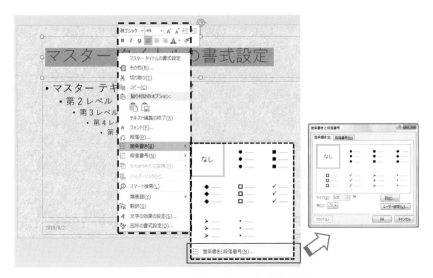

図6.13　スライドマスターの書式設定例②

6.3.4　ファイルの一時保存

OSやアプリケーションのバグや誤操作などにより，ファイルが失われることがある．ファイルの作成の途中でファイルが失われると貴重な時間と労力が無駄になるので，ここまで行った内容を保存しよう．

［ファイル］タブ（図6.14①）→［名前を付けて保存］（図6.14②）→［参照アイコン］（図6.14③）の順に進むと，［名前を付けて保存］のウィンドウが開く．ここで，保存先を選択（図6.14④）した後，ファイル名を入力（図6.14⑤）して［保存］ボタンを左クリック（図6.14⑥）すると，PowerPointプレゼンテーション（*.pptx）形式でファイルが保存される．保存を一度行った後は，アクセスツールバーの［上書き保存］アイコン（図6.15）を左クリックすると，ファイル作成を行いながらファイルの保存が簡単にできる（ショートカットキーの［Ctrl］+［S］を使ってもよい）．

【演習6.6】保存先を指定したのち，ファイルの種類を「PowerPointプレゼンテーション（*.pptx）」として保存しなさい．

6.3.5　スライドの作成

スライドは一般に，タイトルスライド1枚とコンテンツスライド複数枚から構成される．ただし，スライドの構成枚数が多くなる場合，スライドの途中に随時，セクション見出しを挿入することもある．スライドに入力したオブジェクト（文字，図表，

6.3 プレゼンテーションスライドの作成

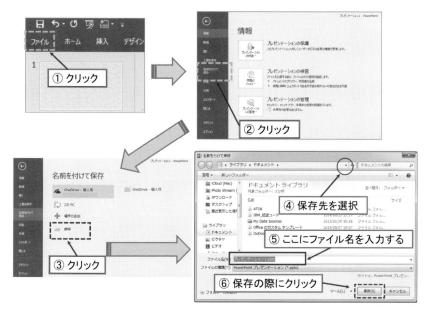

図 6.14　ファイルの保存方法

図形，グラフ，クリップアート，テキストボックス，ワードアートなど）に対しては，基本的にスライドマスターの書式が適用されるが，スライドやオブジェクトごとに書式を設定することも可能である．

a. タイトルスライドの作成

「タイトルを入力」や「サブタイトルを入力」を左クリックすると，タイトルやサブタイトルが入力できる状態となる．

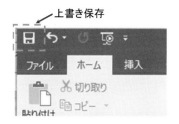

図 6.15　[上書き保存] アイコン

【演習 6.7】タイトルスライド（スライド 1）のタイトルに「カンピロバクターによる食中毒」を，サブタイトルに「{スライド作成者の氏名}」を入力しなさい．なお，タイトルスライドとサブタイトルの距離は，見やすいように調整すること．

b. 箇条書きスライドの作成

プレースホルダー内の「タイトルを入力」や「テキストを入力」を左クリックすると文字が入力できる状態となる（図 6.16）．入力済みの文字の書式や段落は，設定したい文字範囲を選択したのち，[ホーム] タブの [フォント] グループや [段落] グル

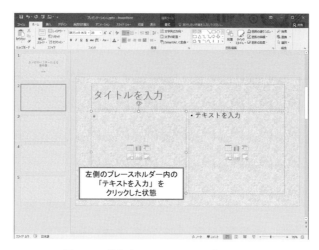

図 6.16　箇条書きのスライド作成画面の例

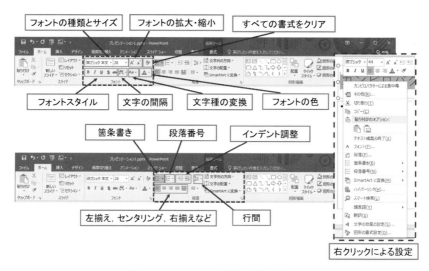

図 6.17　フォントや段落の書式の設定

ープを使って指定する．また，右クリックでも同様な操作が可能である（図 6.17）．

【演習 6.8】「2つのコンテンツレイアウト」からなるスライド 2（タイトルスライドの次のスライド）の左側のプレースホルダー枠内に，【資料 6.1】の「内容を要約」したものを 3 段階のインデント書式で表示しなさい．なお，右側のプレースホル

ダー枠には，後ほど画像を挿入するため何も記入しないこと．

c. 画像の挿入

オブジェクトとはスライド上に配置する図形，画像，線，文字などである．画像のオブジェクトは，画像のコピー＆ペーストでスライドに貼り付けることもできるが，図 6.18（1）～（3）の①～⑧に示すとおり，スクリーンショットを利用して PDF ファイル上の画像をコピーする手法を解説する．

① 【資料 6.1】の参照元 URL から PDF ファイルを開き，画像が切り取れる位置に PDF ウィンドウを配置する．
② PowerPoint で，画像を取り込みたいプレースホルダー（右側）を選択する．
③ PowerPoint で，［挿入］タブを左クリックする．
④ PowerPoint で，［スクリーンショット］アイコンを左クリックする．
⑤ PowerPoint で，［画面の領域］を左クリックする．
⑥ 全体的に薄くなった PDF ウィンドウで，取り込みたい画面領域をドラッグして選択する．
⑦ PowerPoint で，切り取った画像が，自動的にプレースホルダー枠（右側）に取り込まれる．
⑧ PowerPoint で，画面や文字などのレイアウト，大きさなどを総合的に調整する．

図 6.18（1） PDF ファイルの画像の取り込み

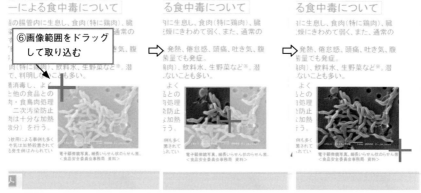

図 6.18 (2) PDF ファイルの画像の取り込み

【演習 6.9】図 6.18 (1)〜(3) の①〜⑧で説明されている手順を用いて「箇条書きテキストと画像から構成されるスライド」(スライド 2) を完成させなさい.

d. 表の作成

プレースホルダーの点線枠の中心にあるアイコンを左クリックして，表，グラフ (図)，クリップアートなどを挿入できる．表を挿入する場合，図 6.19 ①〜③の表作成を実施する．この手順で表が作成されると，[表ツール] リボンの [デザイン] タブ (図 6.20 (上)．表作成直後) と [レイアウト] タブ (図 6.20 (下)．[レイアウト] タブ左クリック後) が選択可能となり，罫線の種類や表の色をさまざまに設定した表がデザインできる．

6.3 プレゼンテーションスライドの作成

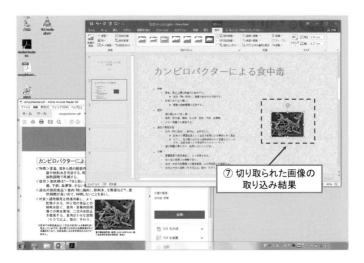

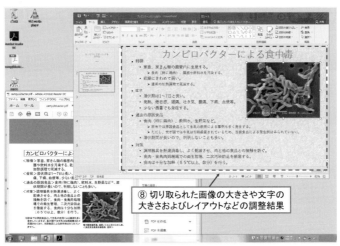

図 6.18（3） PDF ファイルの画像の取り込み

【演習 6.10】カンピロバクター食中毒の発生推移のデータの表【資料 6.2】を使い，1996 〜 2015 年までのカンピロバクター食中毒の発生件数と患者数の発生推移を示す見やすい表（スライド 3）を作りなさい．

e. グラフの作成

プレースホルダーの点線内にある［グラフの挿入］アイコン（図 6.21 ①）を左クリ

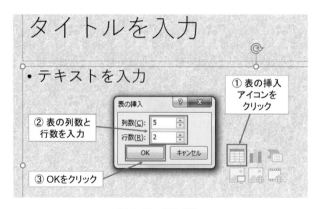

図 6.19 表の挿入

図 6.20 表ツールの［デザイン］タブ（上）と［レイアウト］タブ（下）

ックすると，［グラフの挿入］ウィンドウ（図 6.21）が開く．必要とするグラフスタイルを選択したあと，［OK］ボタンを左クリックすると，サンプルグラフと Excel シートが表示される（図 6.22）．この Excel シートにデータを入力すると，PowerPoint にグラフが作成される．この Excel シートは，Excel ウィンドウ右上の［閉じる］を左クリックすると閉じる（図 6.22 ①）．また，PowerPoint スライドのグラフエリアを左クリックで表示される［グラフツール］内の［デザイン］タブ中の［データの編集］アイコン（図 6.22 ②）を左クリックすると再び表示される．

グラフ描画用 Excel シートにはデータを追加でき，個別の書式を設定できる．図 6.23 の事例では，Y2 という系列を作り，10, 20, 30 という数値を入れて（図 6.23 ①）自動的にグラフを追加した（図 6.23 ②）．この Y2 系列では図 6.23 の③〜⑤の作業と図 6.24 の作業を行い第 2 軸を設定した．なお，軸ラベル，データタイトル，凡例などのグラフ要素を追加するアイコンは，グラフ右上に表示される（図 6.24）．

6.3 プレゼンテーションスライドの作成

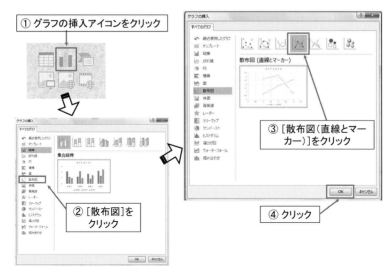

図 6.21 グラフの挿入

図 6.22 グラフデータの編集用の Excel ウィンドウ

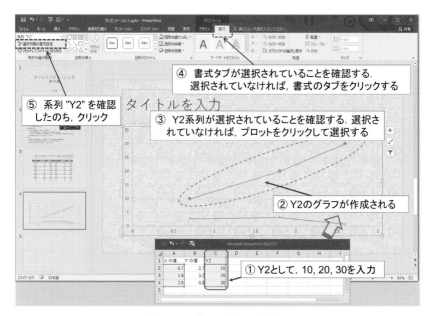

図 6.23 グラフデータの追加

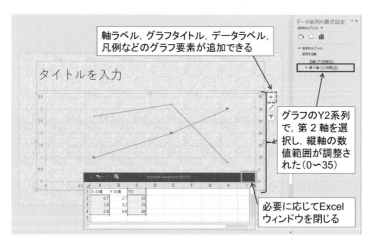

図 6.24 第 2 軸の設定

【演習 6.11】スライド 4 に，カンピロバクターの発生件数および患者数の年次推移を示す散布図を作成しなさい．ただし，患者数は第 2 軸を用い，プロット記号，色，凡例などの書式を工夫すること．なお，解答例を図 6.25 に示すが，これにこだわることはない．各自工夫すること．

6.3 プレゼンテーションスライドの作成

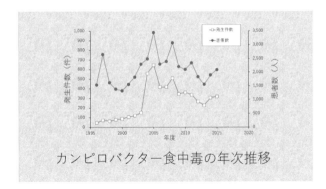

図 6.25　演習 6.11 の解答例

f. 数式の作成

［挿入］タブ→［テキスト］グループ→［オブジェクト］アイコン（図 6.26 ①）を左クリックすると，［オブジェクトの挿入］ウィンドウ（図 6.26 ②）が表示される．このウィンドウ中の［オブジェクトの種類］内のメニューを下にスクロールすると，［Microsoft 数式 3.0］が見つかる（図 6.26 ③）．これを選択後，［オブジェクトの挿入］ウィンドウ右側の［OK］ボタン（図 6.26 ④）を左クリックすると，空白の

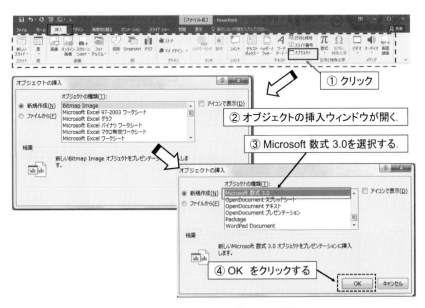

図 6.26　Microsoft 数式 3.0 の選択

［Microsoft 数式エディタ］（図 6.27）が起動する．この数式エディタに式を入力後，［Microsoft 数式エディタ］の右上の［閉じる］ボタン（図 6.27 ⓐ）を左クリックするとエディタが終了し，数式オブジェクトがスライドに表示される．この数式オブジェクトは自由に移動でき，大きさも変えられる．また，ダブルクリックすることで，再度［Microsoft 数式エディタ］が起動する．リスク評価式【資料 6.3】を数式エディタで入力した例を図 6.28 に示した．

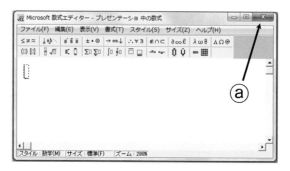

図 6.27　Microsoft 数式エディターの起動画面

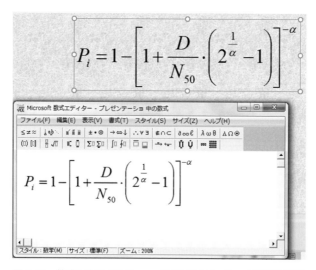

図 6.28　数式入力後の Microsoft 数式エディターの再起動画面

【演習6.12】スライド5に，ポアソン・ベータ分布によるリスク評価式【資料6.3】を入力しなさい．また，タイトルは「ポアソン・ベータ分布曲線によるカンピロバクターの感染リスク評価式」とし，式およびタイトルともに適切な大きさと位置となるように調整すること．

g. グループ化と順序

スライド上のオブジェクト（テキスト，図，表，図形，画像など）はグループ化ができる．グループ化によって，写真とそのタイトルを1つのオブジェクトに統合したり（図6.29ⓐ），異なる複数の図形を1つの図形として取り扱える．グループ化では，図6.29ⓑに示す［配置］内の［オブジェクトのグループ化］（図6.29ⓒ）を利用する．なお，複数のオブジェクトを選択するには，［Shift］を押しながらそれぞれのオブジェクトを左クリックする．また，グループ化に限らないが，オブジェクトを重ねる場合はその順序（前面や背面など）を適宜変更することができる（図6.29ⓓ）．

【演習6.13】スライド5のリスク評価式の下部に，【資料6.3】のリスク評価式の文字記号の意味を示すテキストボックスを挿入しなさい．また，余白にコピー＆ペーストでカンピロバクターの走査電子顕微鏡写真を貼り付け，走査電子顕微鏡写真のタイトルは「カンピロバクターの走査電子顕微鏡写真」としなさい．さらに，「リスク評価式」と「その文字記号」をグループ化（図6.30ⓐ）するとともに，「カンピロバクターの走査電子顕微鏡写真」と「そのタイトル」もグループ化（図6.30ⓑ）しなさい．

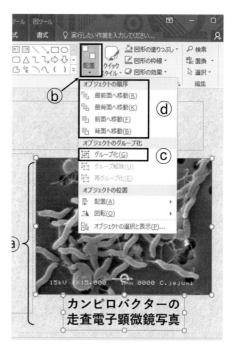

図6.29　グループ化の実行例

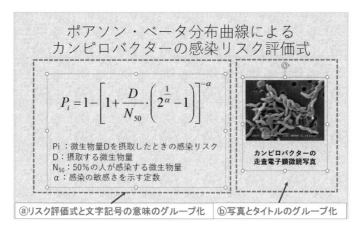

図 6.30　演習 6.13 の解答例

6.4　プレゼンテーションの保存

保存では，とくに指定しない限り，ファイルの種類は PowerPoint プレゼンテーション（*.pptx）となる．［名前を付けて保存］では，さまざまなファイル形式での保

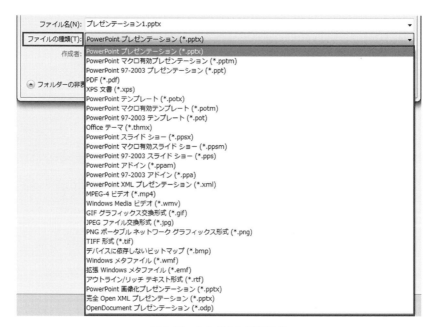

図 6.31　さまざまな保存形式

存も可能である（図 6.31）．また，ファイル形式を変えると，以前のバージョンの PowerPoint ファイル（PowerPoint 98 〜 PowerPoint 2004 for Mac および PowerPoint 97 〜 PowerPoint 2003 for Windows）形式（*.ppt），PDF 形式（*.pdf），LibreOffice の Impress 形式の OpenDocument プレゼンテーション形式（*.odp）など，さまざまなソフトとの互換性がはかれる．

> 【演習 6.14】作成したスライドファイルについて，PowerPoint プレゼンテーション（*.pptx）のほか，PDF 形式（*.pdf），OpenDocument プレゼンテーション形式（*.odp）で保存し，ファイルのアイコンを比較しなさい．

【資料 6.1】

内閣府食品安全委員会のサイト［ホーム ＞ その他 ＞ カンピロバクターによる食中毒にご注意ください］
http://www.fsc.go.jp/sonota/e1_campylo_chudoku_20160205.html
　　＜関連リンク集＞ 2「カンピロバクターによる食中毒とは」
　　・カンピロバクターによる食中毒について（食品安全委員会）【pdf ファイル】（下記のスライド）

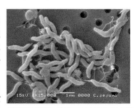

【資料 6.2】 カンピロバクター食中毒の発生推移

表 6.1 カンピロバクター食中毒の発生推移

年	発生件数*	患者数	年	発生件数*	患者数
1996	46	1,538	2006	416	2,297
1997	73	2,646	2007	416	2,396
1998	63	1,624	2008	509	3,071
1999	77	1,386	2009	345	2,206
2000	88	1,325	2010	361	2,092
2001	106	1,558	2011	336	2,341
2002	120	1,825	2012	266	1,834
2003	150	2,301	2013	227	1,551
2004	558	2,485	2014	306	1,893
2005	645	3,439	2015	318	2,089

＊患者数 2 名以上の発生件数　　※厚生労働省の統計結果から作成

【資料 6.3】 カンピロバクター食中毒の感染リスク評価

　感染症は，微生物がヒトに感染して生じ，微生物 vs ヒト（宿主）の関係は特異的であるため，動物実験によって，ヒトに対する微生物の影響を評価することは難しい．微生物感染リスクの評価は，dose-response 曲線を算出してから数値化するが，ポアソン・ベータ分布曲線によるリスク評価式が一般に用いられている．

$$P_i = 1 - \left[1 + \frac{D}{N_{50}} \cdot \left(2^{\frac{1}{\alpha}} - 1\right)\right]^{-\alpha}$$

P_i ：微生物量 D を摂取したときの感染リスク
D 　：摂取する微生物量
N_{50}：50％のヒトが感染する微生物量
α 　：感染の敏感さを示す定数

　カンピロバクターの場合，$\alpha = 0.145$，$N_{50} = 897$ CFU※というデータがある．
例えば 100 CFU のカンピロバクターを摂取したと仮定すると，上式の感染リスク P_i は，$P_i = 1 - \left[1 + \frac{100}{897} \cdot \left(2^{\frac{1}{0.145}} - 1\right)\right]^{-0.145}$ を計算して，0.319，すなわち，31.9％となる．

※ CFU：colony forming unit（コロニー形成単位・微生物の個数と考えて差し支えない）
　参考文献：Risk assessment on *Campylobacter jejuni* in chicken products（DVFA：2001）

7 プレゼンテーション（2）

第6章で述べたとおり，現在では，プレゼンテーションソフトウェアと液晶プロジェクタまたはモニタを用いたプレゼンテーションが一般的である．本章では，前章の内容を踏まえながら，アニメーションや画面切り替えの視覚効果，配付資料の作成，プレゼンテーションのコツなどについて解説する．

7.1 視覚効果の追加

a. アニメーション

アニメーション機能を活用することで，視覚的な効果や効果音を加えることができる．ただし，多用しすぎると逆効果になるので注意する必要がある．アニメーションをスライドに加える場合は，まず，［アニメーション］タブを左クリック（図7.1①）

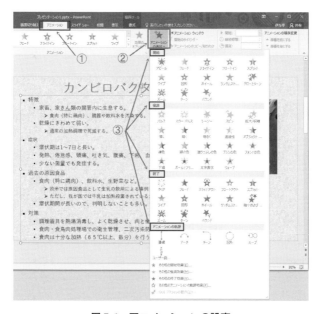

図7.1　アニメーションの設定

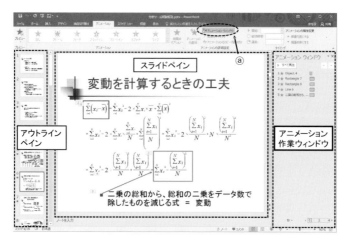

図7.2 アニメーション作業ウィンドウの例

する．続いてアニメーションを追加したいオブジェクトを左クリックし，［アニメーションの追加］（図7.1②）を左クリックして，開始，強調，終了，アニメーションの軌跡（図7.1③）などのアニメーションを追加する．追加したアニメーションは［アニメーション作業ウィンドウ］で編集できる（図7.2）．また，このアニメーション作業ウィンドウは，［アニメーションウィンドウ］を左クリックすることでオン・オフできる（図7.2ⓐ）．

図7.3に，平均値，偏差，変動，分散，不偏分散，標準偏差を題材としたアニメーションを含むPowerPointスライドの事例を示す．この例では，「変動」の概念と計算の工夫について，アニメーションを活用して説明を行っている．

【演習7.1】第6章で作成したPowerPointスライドのスライド2に，アニメーションを追加しなさい．その際，アニメーションウィンドウを表示しながら，開始のタイミング，継続時間，アニメーションの順序などについても工夫すること．

b. 画面切り替え

PowerPointでは，画面の切り替え効果をスライドに加えることができる．ただし，アニメーションと同様に多用しすぎると逆効果になる．画面切り替えでは，アウトラインペインで切り替えたいスライドを選択したのち，リボン内の［画面切り替え］タブ（図7.4ⓐ）を選択した後，画面切り替えの種類を選択する（図7.4ⓑ）．［タイミング］グループでは，サウンド，時間，画面切り替えのタイミング（左クリック時もしくは自動切り替え）（図7.4ⓒ）が表示される．

7.1 視覚効果の追加

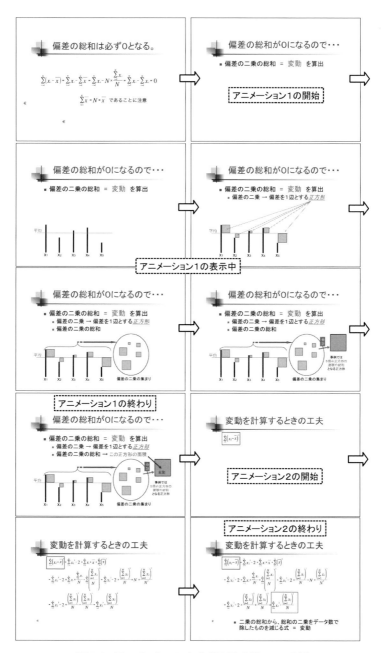

図 7.3　アニメーションを含むスライドショーの例

7. プレゼンテーション（2）

図7.4　画面切り替えのリボン

【演習 7.2】第 6 章で作成した PowerPoint スライドのスライド 3 に，画面切り替えを追加しなさい．ただし，自動切り替えは行わないこと．

7.2　配布資料の作成

配付資料を作成する場合，「スライド」そのものと，「数枚のスライドを1枚にまとめた配布資料」の2種類の印刷手法が利用できる．

印刷手法（1）［ファイル］→［印刷］の［設定］で印刷形式を例えば「配付資料（2〜6スライド／ページ）」に設定し，「スライド指定」で実際に印刷するスライドの番号を指定する（図7.5①）．

印刷手法（2）印刷の形式は1スライドとする（図7.6①）が，プリンターのプロパティ（図7.6②）で1枚あたりのページ数を指定する（図7.6③）．

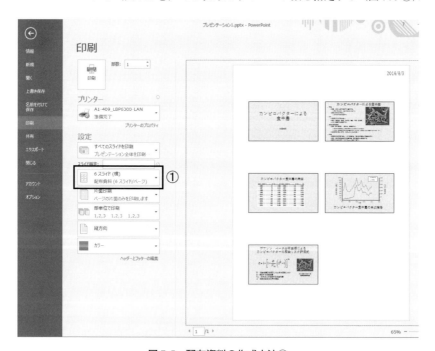

図7.5　配布資料の作成方法①

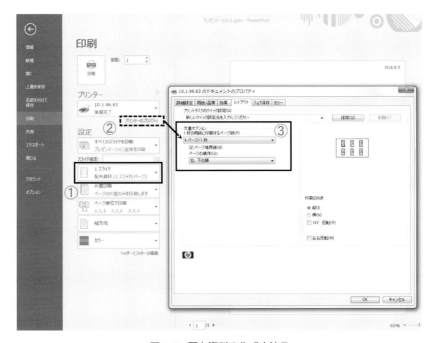

図 7.6　配布資料の作成方法②

7.3　プレゼンテーション

　プレゼンテーションでは，PowerPoint のスライドショー機能を使い，モニタ画面や液晶プロジェクタなどにスライドを投影する（図 7.7）．スライドショーで使用する主なキー操作は表 7.1 のとおりである．

　スライドショーを行っている間には，投影画面左下を右クリックして［ペンツール］アイコンを使用すると，レーザーポインタ，ペン，蛍光ペンを用いた書き込みが可能である（図 7.8）．また，スライドの送り・戻り機能が付いたレーザーポインタ（図

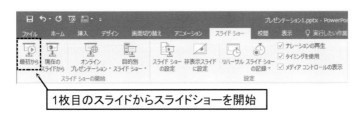

図 7.7　スライドショーの開始

表7.1 スライドショーで使用する主なキー操作

操作	動作
[F5]	スライドショーの開始
[Esc]	スライドショーの中断／終了
[Shift]+[F5]	スライドショーの再開
左クリック [Enter] [Space] [N] [→] [↓] [PageDown]	進む
[Backspace] [P] [←] [↑] [PageUp]	戻る
[[数字]]+[Enter]	指定した番号にスライドに移動
[B]	黒い画面のカットイン／アウト
[W]	白い画面のカットイン／アウト
[Ctrl]+[T]	他のアプリケーションの操作

7.9)も便利である．ただし，失明などの事故が起きないよう，人や動物にレーザー光を向けてはいけない．レーザー光の取扱いには十分に注意する．

7.4 プレゼンテーションのコツ

プレゼンテーションは，聴衆に内容を理解してもらわないと意味がない．「良い」プレゼンテーションを行う「コツ（Tips）」とは，「聴衆側に立ったプレゼンテーションであるか否か？」ということにかかっている．

図7.8 ［ペンツール］アイコン

a. スライドの工夫

箇条書きテキストを入力する場合，長い文章を入力することは，スライドの表現上，効果的でない．文章の内容を適切に表現する「単語」や「簡潔な表現」に変換してスライドを作成するとわかりやすい．スライドの文字は，聴衆に見えなくては意味がないので，ある程度の大きさは必要である．例えば，タイトルスライドでは36 pt，本文などでは28 ptが目安となる．また，文章を長々と記述したスライド（図7.10）は聴衆に対する「嫌がらせ」以外のなにものでもない．内容

7.4 プレゼンテーションのコツ

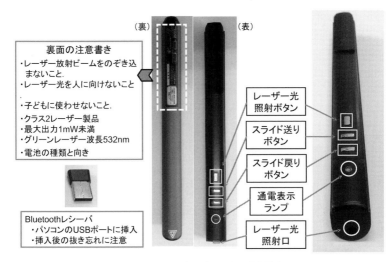

図 7.9 レーザーポインタの製品例

```
                    プレゼンテーションのコツ
  プレゼンテーションは，聴衆に内容を理解してもらわないと意味がない．「良い」プレゼンテーションを行う「こつ(Tips)」とは，「聴衆側にたったプ
レゼンテーションであるか否か？」ということにかかっている．
(1) スライドの工夫
  箇条書きとテキストを入力する場合，長い文章を入力することは，スライドの表現上，効果的でない．文章の内容を適切に表現する「単語」や「簡
潔な表現」に変換してスライドを作成すると分かりやすい．
  スライドの文字は，聴衆に見えなくては意味がないので，ある程度の大きさは必要である．また，文章を長々と記述したスライドもあるが，これは
聴衆に対する「嫌がらせ」以外のなにものでもない．内容を表す簡潔な単語，記述，文章，図表，写真，数式などでスライドを構成する必要がある．
「良い」スライドとは，一目でわかるものであり，「良い」スライドを使って，プレゼンテーションの内容を分かりやすく聴衆に伝える人が，「優秀」なプ
レゼンターである．背景や配色については，スライドの目的にあったデザインを使い，一連のスライドでは共通の背景や配色を用いると，調和の
取れたスライドとなる．また，スライド作成時に[デザイン]タブから[テーマ]を選ぶことや，各種のOffice テンプレートをダウンロードすることも効果
的である．なお，スライドでは，インターネットブラウザのようなハイパーリンクを設定することもでき，他のスライドへ飛ぶことや，インターネット上
のホームページへ移ることも設定できる．
(2) プレゼンテーション時の注意
  プレゼンテーションを行う場合，PowerPointなどでスライドを作成した後，発表予行演習を十分に行う必要がある．しばしば，発表用原稿を読み
上げるプレゼンターがいるが，発表原稿を読み上げるのであれば，レコーダーに声を吹き込んで再生すれば済むこと（極論ではあるが）である．
プレゼンテーションの際，最も重要なことは，聴衆を見ながら大きな声で明瞭に語りかけ，聴衆の反応をみながら，発表時間厳守で説明すること
であり，このような説明を心懸ければ，発表用原稿を見る時間は，ほとんどないはずである．説明を何か所も忘れるよりも，所定の時間を適宜し
つつ，研究背景，目的，方法，結果考察をバランス良く説明することこそが，極めて重要である．また，学会発表では，発表用のPowerPoint
ファイルをUSBに入れて持参し，学会事務局が用意したノートパソコンに，USB内のファイルをコピーして使用するが，ノートパソコンはUSBワー
ムと呼ばれるUSBを介して感染するウィルスに汚染されている可能性もあるため，発表後のUSBメモリーには，十分な注意が必要である．
(3) 液晶プロジェクタを使う際の注意
  液晶プロジェクタを使う場合，パソコンのRGB端子と液晶プロジェクタのRGB端子間をケーブルで連結した後，パソコン本体から映像信号を出
力するための設定を行う．パソコンの画面が液晶プロジェクタ画面に表示されないときは，以下の点をチェックする必要がある．
  (1) 映像信号の出力方法（例えばFn+F7（ファンクションキー7），Fn+F8，Fn+F10）を確認する．映像信号の出力状態は，①コンピュータ画面，
     ②外部出力，③両者（①＋②）の3種類である．
  (2) パソコンの電源を入れる前に，液晶プロジェクタ側の電源が入っていることが必要なときがある．この場合，パソコンをRGBケーブルで接続し
     た後，パソコンを再起動させる必要かある．
  (3) 液晶プロジェクタの性能によっては，パソコン画面の解像度に適合し得ない場合や，テキストがずれたりする場合があるので，予め試してお
     いた方がよい．
```

図 7.10 悪いスライドの例

を表す簡潔な単語，記述，文章，図表，写真，数式などでスライドを構成する必要が
ある．

「良い」スライドとは，一目でわかるものであり（初めてスライドを見る人が理解できない部分が残っていてはいけない！），「良い」スライドを使って，プレゼンテーションの内容をわかりやすく聴衆に伝える人が，「優秀」なプレゼンターである．背景や配色については，スライドの目的にあったデザインを使い，一連のスライドでは共通の背景や配色を用いると，調和のとれたスライドとなる．また，スライド作成時に［デザイン］タブから［テーマ］を選ぶことや，各種 Office テンプレートをダウンロードすることも効果的である．

なお，スライドでは，インターネットブラウザのようなハイパーリンクを設定することもでき，他のスライドへ飛ぶことや，インターネット上のホームページへ移ることも設定できる．

【演習7.3】見やすいスライドにするための具体的な項目を示したチェックシートを作成しなさい．

b. プレゼンテーション時の注意

プレゼンテーションを行う場合，PowerPoint などでスライドを作成した後，発表予行演習を十分に行う必要がある．しばしば，発表用原稿を読み上げるプレゼンターがいるが，発表原稿を読み上げるのであれば，レコーダーに声を吹き込んで再生すれば済むこと（極論ではあるが）である．発表原稿は暗記するほど練習をし，本番では原稿を見ないで，聴衆を見ながら大きな声で明瞭に語りかけることが原則である．さらに，聴衆の反応を見ながら，臨機応変に説明方法を変更し，所定の時間を遵守しつつ，研究背景，目的，方法，結果考察をバランスよく説明することがきわめて重要である．このように，発表原稿を暗記するほど十分に予行演習を行い，実際のプレゼンテーションでは聴衆を見て話をするのが成功の秘訣である．

また，学会発表などでは，発表用の PowerPoint ファイルを USB に入れて持参し，学会事務局が用意したノートパソコンにファイルをコピーして使用する．しかし，ノートパソコンがウィルスに汚染されている可能性もあるため，発表後の USB メモリーの取扱いには十分な注意が必要である．

c. 出力時の注意

外部モニタや液晶プロジェクタに出力を使う場合，パソコンの RGB 端子と液晶プロジェクタの RGB 端子間をケーブルで連結した後，パソコン本体から映像信号を出力するための設定を行うことが必要となる場合がある．

パソコンの画面が外部モニタ画面に表示されないときは，以下の点をチェックする．
(1) モニタ出力切り替えキー（図 7.11）を使って，映像信号の出力方法を確認する．映像信号の出力状態は，一般的に，①コンピュータ画面，②外部出力，③両者（①+②）の3種類である．

7.4 プレゼンテーションのコツ

図 7.11 映像信号の出力切り替えキーの例
左下隅の［Fn］キーを押しながら，モニター出力切り替えキー［F3］を押す．

(2) パソコンの電源を入れる前に，液晶プロジェクタ側の電源が入っていることが必要なときがある．この場合，パソコンをケーブルで接続した後，パソコンを再起動させる．

(3) プレゼンテーションに使用するPCと液晶プロジェクタによっては，パソコン画面の解像度にプロジェクタが適合しない（最悪，プロジェクタにパソコン画面が投影されない）場合や，スライドのレイアウトが崩れる場合があるので，あらかじめ試しておいたほうがよい．作成したスライドファイルをpdfファイルとしても保存し，元のスライドファイルと合わせて持参しておくと，万一のときに表示トラブルの解決策になることがよくある．

【演習 7.4】各自が自由に設定したテーマをもとに作成したPowerPointファイルを用いてスライドショーを実行し，「聴衆側に立った」プレゼンテーションの練習しなさい．

Webページ(2.1節)は,情報発信の手段として広く利用されている.Webページは,プログラミング言語の1つであるHTML(HyperText Markup Language)で書かれている.そこで,この章ではHTMLを学びながらWebページの作成ができるようになることを目指す.この章の各節では,解説の後に演習問題があるが,解説を難しく感じるときは,先に演習問題をやってみて,それから解説を読むとよい.

8.1 World Wide Web(WWW)の基礎知識

まずWebページがどのような仕組みでインターネットの世界で閲覧可能になっているかを見てみよう.インターネットでは,Webページの閲覧,メールのやりとり,ファイルの送受信などが可能である.このような媒体の送受信にはそれぞれ異なった通信規則(プロトコル)が使われており,Webページの場合はHTTP(HyperText Transfer Protocol)と呼ばれる規則が使用されている.Textという言葉を使用していることからわかるようにHTTPは主にテキスト情報を送受信する仕組みであるが,テキストに関連付けられた画像,音楽なども送受信可能である.

図8.1にHTTPを使った情報の流れの概略を示す.Webページ制作者は,Webサーバ(2.1節,9.2節)と呼ばれるサーバ機に,作成したWebページ(= HTMLファイル)を置く.閲覧者は,Webページの場所をURLまたはIPアドレスでWebブラウザに指定することでそのWebページを閲覧できる.

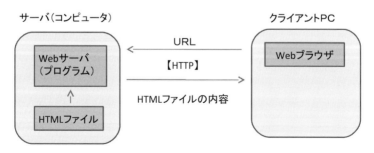

図8.1　Webページ閲覧の仕組み

このとき，サーバとユーザの PC（クライアントと呼ぶ）の間では，要求（リクエスト）と応答（レスポンス）という仕組みが働いている．Web ブラウザが Web ページを見たいというリクエストを Web サーバに送ると，Web サーバはそれに応えて指定された Web ページを Web ブラウザに返す（レスポンス）．このリクエストとレスポンスが HTTP の大まかな仕組みである．

Web ページの場所を示すアドレス（URL：uniform resource locater）については 2.3.1 項で説明したが，復習も兼ねて「http://www.kitasato-u.ac.jp/ahs/index.html」を例にとって説明する．この URL は左から順に

　　　プロトコル　　　：　http
　　　サーバ名　　　　：　www
　　　ドメイン名　　　：　kitasato-u.ac.jp
　　　ディレクトリ名　：　ahs
　　　ファイル名　　　：　index.html

なので，kitasato-u.ac.jp というドメイン（ネットワーク）にある www というサーバにある ahs というディレクトリ内の index.html ファイルに HTTP というプロトコルでアクセスするという意味となる．

8.2　HTML ファイルの作成方法と確認方法

　Web ページの実体は，Web サーバに置かれている HTML ファイルである．この HTML ファイルは，HTML で書かれたテキストファイルで，拡張子は通常「.html」または「.htm」である．HTML では半角の不等号で囲まれた**タグ**によって，画面への表示方法などを指定する．例えば

　　　　　<h1> 大見出し </h1>

は，ここに一番上のレベルの見出しを設定し，この 2 つのタグで囲まれた文字を一番大きいサイズの文字で表示せよ，という指定になる．ここで，<h1> を開始タグ，</h1> を終了タグという．「h1」はタグの名前，「/」はタグで指定された区間の終了を意味する．また，2 つのタグで囲まれた部分をコンテンツまたは**内容**，全体を**要素**と呼ぶ．

　HTML ファイルは，テキストエディタ，または HTML 入力専用の HTML エディタを使用して作成する．テキストエディタを使用する場合はタグをすべて自分で入力する必要があるが，HTML エディタは目的のタグをマウスで選択するだけで挿入が可能な便利なソフトウェアである．どちらもフリーウェアで使いやすいものがいくつかある．

　自分が作成した HTML ファイルに間違いがないかどうかは，以下の **validation** サービスで確認することができる：　https://validator.w3.org/unicorn/?ucn_lang=ja

　Web ページを閲覧する Web ブラウザは，Microsoft Edge, Safari, Google Chrome,

Mozilla Firefox などさまざまな種類があるが，Web ブラウザによっては HTML ファイルが正しく書かれていても，Web ブラウザのバグなどから表示の崩れが起きたりすることがある．また，タブレット PC，スマートフォンなどのモバイル端末は機種ごとに解像度が異なるため，PC 向けに作成された Web ページでは読みにくい場合がある．そのため，作成した HTML ファイルが自分の意図通りに表示されているかどうか，使用を想定しているブラウザで確認を行う必要がある．本書の演習では，Google Chrome ブラウザを使用し表示確認を行う．

8.3 HTML と CSS

　HTML ファイルを作成する際は，必要なタグを規則に従って配置することが求められる．HTML の規則に沿って書かれたテキストをこの章では**コード**と呼ぶことにする．HTML の規則は，国際的な標準化・非営利団体 World Wide Web Consortium（**W3C**：https://www.w3.org/）を中心に策定されている．W3C は，2014 年 10 月に，今後は **HTML5**（HTML の version 5）の技術仕様に従うよう勧告を行った．そのため本書では HTML5 に準拠した形で説明を進めていくが，HTML5 の仕様は初心者にはわかりやすいとはいえないので，本書では読者が理解できるよう仕様を噛み砕いて説明する．

　旧版の HTML4 では，文字の色やフォントの種類・サイズ，背景色等の装飾に対応するために規定が拡張されてきたが，文書全体の構造を指定するタグとローカルなレイアウトやデザインを指定するタグが混在するようになり，コードがわかりにくくなってしまった．そのため，HTML5 では HTML ファイルは原則として Web ページの構造と骨組みを指定する役割のみを担うことにし，文字の装飾などは HTML ファイルとは別に **CSS**（Cascading Style Sheets）ファイルで指定することにより，機能の分離とプログラムの可読性の向上を図るのが基本的なやり方となった．ただし，本書では HTML ファイルと CSS ファイルの 2 つを作成するという煩雑さを避けるために，HTML ファイル内に CSS を記述する方法で説明する．

8.3.1　HTML の基本構造

　図 8.2 に HTML ファイルの基本構造を示した．HTML ファイルの基本となるタグは，`<!DOCTYPE html>`，`<html>`，`<head>`，`<body>` の 4 つである．

　1 行目の `<!DOCTYPE html>` は HTML ファイルの先頭に置き，この文書が HTML 規格で作成された文書であることを宣言するのに使用する．

　2 行目の `<html>` タグと最終行の `</html>` タグで囲まれた部分が，HTML で記述する内容になる．「`lang=`」は使用する言語の指定である．その中は，大きく

```
<head>〜</head>
<body>〜</body>
```
の2つの部分にわかれている．最初の `<head>` タグと `</head>` タグの間（head部，**header**部）には，例えばどのような文字コードを用いるかなど（この場合はUTF-8），このHTML文書に関する情報を記述する．ホームページで実際に表示したい内容は，`<body>` タグと `</body>` タグの間（**body**部）に記述する．

はじめに図8.2のファイルを作っておき，その後はこのファイルに必要なタグを付け加えていくとよいだろう．最初は個々のタグの意味がよくわからなくてもすぐに慣れるので心配は不要である．なお，タグはすべて半角文字で入力する．

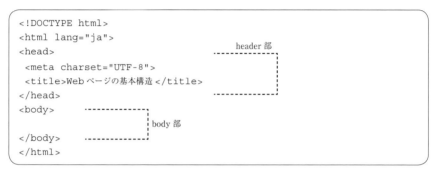

図 8.2　HTML の基本構造

【演習 8.1】図8.2に記載されたHTMLコードをテキストエディタを使って入力しなさい．そして，ファイル名を「index.html」，文字コード「UTF-8」として保存しなさい．次に，Webブラウザを起動し，作成したファイルをブラウザ上にドラッグ＆ドロップし，Webページのタイトルが「Webページの基本構造」となっていることを確認しなさい．

【演習 8.2】【演習 8.1】で作成したindex.html内の `<body></body>` の間に「Webページの作成練習」と追記して上書き保存を行い，ブラウザで追記された内容を確認しなさい（再読み込みをすること）．

8.3.2　CSS の基本構造

前節でHTMLに基づいてもっとも簡単なWebページを自分で作った．このように，Webページの内容と構造はHTMLで記述するが，文字の色やレイアウトなどのスタイルはCSSで記述する．

具体的には，HTMLの `<body>` など1つ1つの要素に対して，例えば

```
body{background-color:aqua;}
```
のような形式でスタイルを定義する．この場合は，`<body>`タグ間の背景色は aqua（水色）にするという意味になる．

一般的な構文は

セレクタ{プロパティ名:プロパティ値;}

である．**セレクタ**は body など対象となる HTML タグの名前，**プロパティ名**は色やフォントなどの装飾したい項目，**プロパティ値**はプロパティ名が色であれば青などの具体的な設定値を意味する．セレクタの直後に中括弧 { } を使って全体を囲み（この囲まれた部分を**宣言ブロック**と呼ぶ），プロパティ名とプロパティ値の間には「:」(コロン）を記述する．複数のプロパティを区切る場合は「;」(セミコロン）を使用する．

試しに，図 8.2 の header 部に図 8.3 にならって `<style>` タグを挿入して Web ページ全体の色を水色，文字の色を赤，使用されるフォントを「MS P 明朝」と指定してみよう．なお，CSS を別ファイルとせずに HTML ファイル内に記述する場合は，以下のような形式で記述する：

```
<style>
<!--
CSS の指定
-->
</stile>
```

CSS における色の指定には，色の名前により指定する方法と RGB を 16 進数で表現した値で指定する方法がある．RGB で色を指定することでトゥルーカラー（⇒ 10.5 節）で色を表現できる．以下のように使用する．

  色の名前で指定する場合： セレクタ{プロパティ:purple;}

  16 進数で指定する場合 ： セレクタ{プロパティ:#800080;}

指定できる色の名前と RGB の 16 進数による表現については，表 10.6 を参照されたい．

【補足 1】CSS は HTML とは別の言語であるため HTML ファイルの中でそのまま記述すると間違いとみなされエラーが発生する．そのため，HTML ファイル内で CSS の指定を記述する場合は，コメント（HTML とは関係のない記述）を表す「`<!--   -->`」で CSS の記述を囲むことでエラーを避けている．

【補足 2】Web ページ制作者が自分でスタイルを規定していない場合，ブラウザのデフォルトのスタイルが適用される．そのため，制作者のスタイル指定が不十分な場合，表示が制作者の意図通りにならないことがよくある．Web ページの制作にあたっては，使用を想定している Web ブラウザのデフォルトスタイルを理解しておく必要がある．

```
<!DOCTYPE html>
<html lang="ja">
<head>
 <meta charset="UTF-8">
 <title>Webページの基本構造</title>

<style type="text/css">
<!--
body{
    background-color:aqua;
    color:#FF0000;
    font-family:"ＭＳ Ｐ明朝";}
-->
</style>

</head>
<body>
Webページの作成練習
</body>
</html>
```

style要素

図8.3　CSSによるstyle指定の例

【演習8.3】【演習8.2】で作成したindex.htmlに，図8.3にならってstyle要素を追記して上書き保存を行い，ブラウザ上でスタイルの変化を確認しなさい．

8.4　HTMLのタグ

　HTMLのタグは，文字，画像等の内容を段落などでグループ化し，内容に合わせて表示を読みやすくするもの，HTMLファイル内の特定の箇所にほかの場所へのリンクなどの機能をもたせるもの，画像などの素材を埋め込むものなど多くの種類がある．本書では，数あるタグの中で最低限知っておくべきものについて紹介する．

8.4.1　グループ化を行うタグ

　人間が文章を書くとき「起・承・転・結」を大まかな枠組みとして，段落を用いて文章全体を構造化することがよくある．同じようにWebページを作成する場合も，中に記述される文章を段落に分けたり，1ページ内で話題を変える場合に（例えば，趣味の話と勉強の話など），そこで区切りを入れることで見やすいページを作成できる．このようにページに記載されている内容（コンテンツ）をまとめることを**グループ化**と呼んでいる．

　グループ化を行うタグとしては，`<p>`，`<pre>`，`<hr>`，`<div>`タグや`<ul>`，

`<ol>`, `<li>` タグがある．以下，それぞれのタグの働きについて順に説明をする．

はじめに，図 8.4 (a) のコードを `<body>` `</body>` 間に入力して，作成したファイルを Web ブラウザで見てみよう．図 8.4 (b) がその結果だが，エディタで入力した 2 ～ 5 行目の改行が無視されていることと（わずかなスペースは入っているが），半角スペースも無視されていることがわかる．ただし，全角スペースは通常の文字と同じ扱いで，コードのとおりにスペースが入っている．

```
<body>
Webページの作成練習【1】
そのまま改行した場合
▫▫▫▫半角スペース入れた場合
□□全角スペースを入れた場合
<p>
Webページの作成練習【2】
そのまま改行した場合
▫▫▫▫半角スペース入れた場合
□□全角スペースを入れた場合
</p>
<pre>
Webページの作成練習【3】
preタグを使用して
そのまま改行した場合
▫▫▫▫半角スペース入れた場合
□□全角スペースを入れた場合
</pre>
</body>
```

図 8.4 (a)　`<p>` タグ，`<pre>` タグによる表示

a. `<p>` タグ

`<p>` タグは，Web ページの内容の一部を 1 つの段落として扱いたいときに使用する．「p」は段落を意味する paragraph の頭文字である．検索エンジンや Web ブラウザは `<p>` タグに囲まれている文章は，1 つの段落であると解釈する．図 8.4 (a) の中ほどの `<p>` と `</p>` で囲まれた部分が `<p>` タグの要素だが，図 8.4 (b) の表示結果を見るとわかるように，表示の際はエディタで入力した改行と半角スペースは無視される．また，全角スペースは通常の文字と同じ扱いでスペースとして機能する．

b. `<pre>` タグ

`<p>` タグと同様に Web ページの内容の一部を 1 つの段落として扱いたいときに使用する．「pre」は preformatted text（**整形済みテキスト**）の略である．図 8.4 (a) の下部の `<pre>` と `</pre>` で囲まれた部分が pre タグの使用例だが，図 8.4 (b) の表示結果を見るとわかるように，`<p>` タグと異なりコードの内容（改行，半角スペ

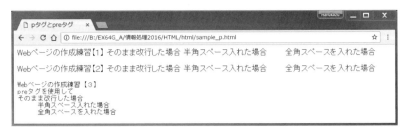

図 8.4 (b)　`<p>` タグと `<pre>` タグのブラウザによる表示結果

ース）がそのまま表示される．そのため，改行やスペースを使って整形した文章をそのまま表示したいときに使用すると便利である．ただし，ブラウザによっては，`<pre>`タグ内のフォントは小さくなるので注意が必要である．

> 【演習 8.4】【演習 8.1】で作成した HTML ファイルの body 部を，図 8.4（a）のコードで置き換え，改行，半角スペース，全角スペースの表示の違いをブラウザで確認しなさい．

c. `<blockquote>`タグと`<h>`タグ

`<blockquote>`タグは長めの引用を表示するのに向いており，`<blockquote></blockquote>`間のテキストは上下左右に余白を設けて表示されるため，引用部分を視覚的に掴みやすく，ホームページ全体を読みやすくする効果がある．

本文中に見出しを入れたいときは`<h>`タグが便利である．h の後に 1〜6 までの数字を付けることにより，いろいろなレベルのセクションを作り，見かけの上ではさまざまな大きさの見出しを表示することができる（図 8.5）．

表 8.1 はテキストのグループ化や整形に関するタグの一覧である．

d. `<hr>`タグ

「hr」は horizontal rule（水平の罫線）の略で，Web ページ内で「起・承・転・結」の区切りをわかりやすく表示したり，Web ページ内のテーマが切り替わる場合にトピックの変化を見える形で提示したいときに使用する．`<hr>`タグを入れることによって横線が表示され，見た目でも区切りがわかる（図 8.6）．

e. `<div>`タグ

`<div>`タグは，Web ページのある範囲を 1 つのグループとして扱いたいときに使用する．`<div></div>`で囲んだ範囲をグループとして扱うことができるが，それだけでは最後に改行がされるくらいで見かけ上の変化はない[*1)]．では，何のために使うかというと CSS で定義したスタイルを適用する範囲を指定するときに，ほかに適当な方法がないときに使用する[*2)]．

図 8.5 `<h>`タグと表示結果

具体例を見てみよう．図8.6（左）のhtmlファイルでは，`<div>`タグにより全体が3つの部分に分けられている．そして，最初の部分に対しては，

```
background-color:gray;
color:black;
```

つまり，背景は灰色，文字色は黒というスタイルが指定されている．また，2番目と

表8.1 テキストのグループ化と整形のタグ

タグ	機能
` `	改行
`<p>`	段落
`<h`n`>` ($n=1,...,6$)	見出し
`<pre>`	整形済みテキスト
`<q>`	引用（一行のとき）
`<blockquote>`	引用文

```
<div style="background-color
:gray; color:black;">
<p>Wordの使い方</p>
<p>WWWWWWWWWWWWWWWW</p>
<p>WWWWWWWWWWWWWWWW</p>
</div>

<hr>

<div style="background-color
:black; color:white;">
<p>Excelの使い方</p>
<p>EEEEEEEEEEEEEEEEEEEE</p>
<p>EEEEEEEEEEEEEEEEEEEE</p>
</div>

<hr>

<div style="background-color
:white; color:blue;">
<p>PowerPointの使い方</p>
<p>PPPPPPPPPPPPPPPPPP</p>
<p>PPPPPPPPPPPPPPPPPP</p>
</div>
```

図8.6 `<div>`タグと`<hr>`タグの使用例（左：コード，右：表示結果）

*1) 改行のために`<div>`タグを使うのは本来の用途に反する．段落の終わりで改行するのであれば，`<p>`タグを使うほうがよい．また，段落の途中などで必要があって改行をする場合は，`<br>`タグを利用することができる．

*2) `<div>`タグはとても便利だが，例えばある段落のスタイルを指定する場合は`<p>`タグを使い，`<p>`タグに対してスタイルを指定するほうが自然である．`<div>`タグは原則として最終手段と考えてほしい．

3番目に対しては別のスタイルが指定されている．そのため，Web ブラウザ上では図 8.6（右）のように背景と文字色が変化している．

| 【演習 8.5】図 8.6 のコードを入力し，背景色と文字色の指定が実現していることを確認しなさい．

f. スタイルの定義

図 8.6 では，スタイルの指定を `<div>` タグの中に書いたが，本来は CSS でスタイルを定義し，`<div>` タグではそのスタイル名を指定するほうが柔軟性が高い[3]．図 8.3 の例では，`<body>` タグに対してスタイルを定義したが，同じタグに異なる複数のスタイルをあらかじめ定義することもできる．

図 8.7（左上）を見てみよう．ここでは，`<div>` タグに対して，right, center, left という 3 つのスタイルを定義している．例えば，

```
.right{text-align:right;}
```

は名前が「right」で（これを class と呼ぶ）で，そのスタイルは { } の中で定義されているようにテキストを右寄せするという設定である．図 8.7（左下）は body 部のコードだが，`<div>` タグの中では，

```
<div class="right">
```

という構文で `<style>` タグの中で定義した class 名を指定することで，右寄せを実現している[4]．

| 【演習 8.6】図 8.7 のコードを入力し，右寄せ，センタリング，左寄せ，横罫線が実現していることを確認しなさい．

g. リスト

文章を書くときに図 8.8（右）のような箇条書きを使いたいこともある．これには，図 8.8（左）のコードのように，`<li>` タグで並べた一覧を `<ul>` または `<ol>` タグで囲めばよい．各行の先頭（マーカ）は `<ul>` タグの場合は黒丸，`<ol>` タグの場合は数字の連番が標準だが，CSS によりスタイルを指定することで別の形状や数字を

---

[3] CSS によるスタイルの定義の仕方は以下の 3 つがある：
① 図 8.6 のようにタグの中に直接記述する
② 図 8.3 や図 8.7 のように，header 部の中にコメントとして記述する
③ 独立したファイルに記述し，そのファイルを html ファイルから参照する

[4] タグに class を指定することで，同じタグに異なる「**属性**」を与えていると考えることもできる．タグの属性は **class 属性**のほかに **id 属性**がある．両者の違いは，class 属性は body の中で何度も使うことができるのに対して，id 属性の場合は 1 つの id 属性は一度しか使えないことである．つまり，class 属性は id 属性を兼ねているので初心者のうちは class 属性で CSS を書き，慣れてきたら状況に合わせて両者を使い分ければよい．

```
<style type="text/css">
<!--
  div.left{text-align:left;}
    .center{text-align:center;}
    .right{text-align:right;}
-->
</style>
```

```
<div class="right">
<p>Wordの使い方</p>
<p>WWWWWWWWWWWWWWWW</p>
<p>WWWWWWWWWWWWWWWW</p>
</div>

<hr>

<div class="center">
<p>Excelの使い方</p>
<p>EEEEEEEEEEEEEEEEEEEE</p>
<p>EEEEEEEEEEEEEEEEEEEE</p>
</div>

<hr>

<div class="left">
<p>PowerPointの使い方</p>
<p>PPPPPPPPPPPPPPPPPP</p>
<p>PPPPPPPPPPPPPPPPPP</p>
</div>
```

図8.7 classによるスタイルの指定例（左：コード，右：表示結果）
左上のCSSによる定義は図8.3と同様にheader部にコメントとして記述する．

使うこともできる．表8.2はマーカの名前の一覧である．図8.3のようにheader部で指定する場合は，以下の構文を使う：

　　　　ul{list-style-type:マーカの名前}
　　　　ol{list-style-type:マーカの名前}

図8.8の中央の<ul>タグはマーカとして白丸を使った例である．

【演習8.7】 図8.8のコードを利用し，表8.2のさまざまなマーカ名を使ってリストの先頭の記号が変わることを確認しなさい．

8.4 HTML のタグ

```
<ul>
  <li>あいうえお</li>
  <li>かきくけこ</li>
  <li>さしすせそ</li>
</ul>

<ul style="list-style-type:circle">
  <li>あいうえお</li>
  <li>かきくけこ</li>
  <li>さしすせそ</li>
</ul>

<ol>
  <li>あいうえお</li>
  <li>かきくけこ</li>
  <li>さしすせそ</li>
</ol>
```

図 8.8 リストの例（先頭のマーカは上から順に黒丸，白丸，数字）

表 8.2 リスト表示のスタイル指定で使えるマーカ名

`<ul>` タグに対する指定		`<ol>` タグに対する指定	
none	表示無し	decimal	算数字
disk	黒丸	lower-roman	ローマ数字（小文字）
circle	白丸	upper-roman	ローマ数字（大文字）
square	四角	lower-latin, lower-alpha	アルファベット（小文字）
		upper-latin, upper-alpha	アルファベット（大文字）

8.4.2 文字の装飾

文字を表示する際の大きさや装飾を指定するために，表 8.3 のようなタグが用意されている．図 8.9 は表 8.3 のタグを実際に使った例である．

【演習 8.8】 表 8.3 のタグを利用して，以下の方程式と化学式を表示しなさい．
$$x^2 - 2y^2 = 1, \quad CO_2$$

表 8.3 文字を装飾するタグ

タグ	機能
sup	上付き
sub	下付き
i	イタリック
b	ボールド（太字）
big	大きめにする
small	小さめにする

```
x<sup>2</sup>+y<sup>2</sup>=1<br>
H<sub>2</sub>O<br>
<i>italic</i><br>
<b>bold</b><br>
<big>big characters</big><br>
<small>small characters</small><br>
```

図 8.9　文字の大きさや装飾の指定

8.4.3　画像の表示

Web ページには，文字だけでなく画像，音楽，動画等のコンテンツを埋め込むことができる．画像ファイルは <img> タグを用いて以下の形式で表示させることができる：

<img src="ファイル名"　alt="画像の説明">

画像ファイルが別のディレクトリにあるときはファイル名でなくパス名（1.4.5 項）で指定する．図 8.10 のコードは Web 上の画像ファイルを URL で指定した例である．なお，他の人が作った画像を転載する場合は権利者の許諾を得る必要がある．

<alt> タグは主として目が不自由な人のための配慮である．目が不自由でも Web ブラウザの「読み上げ」機能を利用して，Web サイトから情報を得ている人は少なくない．Web サイトは，さまざまなハンディがある人のことも考えて制作しなくてはならないが，どのような点に注意をすべきは，W3C により Web Content Accessibility Guidelines としてまとめられている．以下に和訳があるので，一度は読んでおきたい．

http://waic.jp/docs/UNDERSTANDING-WCAG20/Overview.html

```
<hr>
<img src="http://www.w3.org/Icons/valid-html401"
alt="Validation Passed">
<p>W3Cの文法チェックに合格すると上のアイコンを表示することができる</p>
<hr>
```

図 8.10　画像の表示例（上：コード，下：実際の表示結果）

【演習 8.9】図 8.10 の画像を画面の左と右に計 2 つ表示するコードを書きなさい（ヒント：8.5 節 (b)）．

8.4.4 ハイパーリンク

ハイパーリンクの機能を使うと，文字や画像をクリックすることで，(1) 任意の Web ページ，(2) 自分が作成したほかの Web ページ，(3) 現 Web ページ内のほかの場所への移動を実現できる．本節では，ハイパーリンクに使われる anchor タグ（アンカータグ，<a> タグ）ついて説明する．アンカータグでは，リンク先は次のように href 属性で指定する：

```
<a href="リンク先の位置">説明のテキスト</a>
```

a. 任意の Web ページへの移動

以下の例のようにリンク先の位置として URL を指定すると（「リンクを張る」という）当該ページへジャンプすることができる．

```
<a href="http://www.w3.org/TR/WAI-WEBCONTENT/">
アクセシビリティのガイドライン</a>
```

図 8.11 はその表示結果である．

b. 自分が作成したほかの Web ページへの移動

anchor タグは自分のサイト内の HTML ファイル間の移動にも利用できる．図 8.12（左）のような書き方をすると，目次のあるファイル（この場合は index.html）と前後の

図 8.11 ハイパーリンクの表示例

章のファイル（この場合は section01.html と section03.html）への移動がしやすい．

c. 現在の Web ページ内のほかの場所への移動

anchor タグを使うと異なるファイル間だけでなく，同じファイルの任意の箇所へのリンクも設定することができる．図 8.13 はその機能を使った目次の実現例である．まず，ジャンプをさせたい Web ページ内の場所に，id 属性を使って

```
<hr id="anchor_1">
```

```
[<a href="section01.html">前章へ</a>]
[<a href="index.html">目次へ</a>]
[<a href="section03.html">次章へ</a>]
```

図 8.12 ハイパーリンクを使った HTML ファイル間の移動の例

```
<a href="#anchor_1">第1章</a><br>
<a href="#anchor_2">第2章</a><br>
<a href="#anchor_3">第3章</a><br>

<hr id="anchor_1">
<h4>第1章</h4>
  ここではhtmlの仕組みについて説明する

<hr id="anchor_2">
<h4>第2章</h4>
  ここではhtmlの骨組みについて説明する

<hr id="anchor_3">
<h4>第3章</h4>
  ここではテキストの表示方法について説明する
```

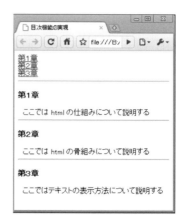

図 8.13 <a>タグを使った目次機能の実現例

のような形式で名前をつけておく．そして，リンクは以下のように指定する：
　　　　`<a href="#anchor_1">第1章</a>`
このようにしておくと，図8.13（右）の表示画面で，例えば「第2章」と書かれたリンクをクリックすると，本文中の該当箇所へ表示が移る．

【演習 8.10】以下の anchor タグの使い方を利用して，HTML5関連のサイトのリンク集を作りなさい：`<a href="リンク先のURL">説明のテキスト</a>`

【演習 8.11】図8.13の各章に，それぞれの項目についての説明を `<p>` タグを使って追加し，目次機能が実現されていることを確認しなさい．

8.4.5　テーブル

`<table>` タグを使用することで表を作成することができる．基本となるタグは以下の5種類である．

　① `<table></table>`　　　：　テーブル全体を表す．
　② `<caption></caption>`　：　表題を表す．
　③ `<tr></tr>`　　　　　　：　行を構成する．
　④ `<td></td>`　　　　　　：　行中のセルを構成する．
　⑤ `<th></th>`　　　　　　：　行，列それぞれにおける見出しを表し，このセルに入れた文字は太字となる．使い方は `<td>` と同じである．

図8.14の「表2」のように<th>タグ（または<tr>タグ）に対してcolspan属性を使用することにより横方向のセルを，「表3」のようにrowspan属性により縦方向のセルを結合して1つのセルにすることができる（表示結果は図8.15を参照）．

また，CSSにより表やその要素に対して，枠線（色，種類，有無），背景色，余白等が設定できる．図8.14の例では

```
table{border:4px solid black;}
```

により，表の枠線のスタイル（4ピクセル，実線，黒）を指定している．また，

```
td{background-color:cyan; padding:10px 10px;
border:2px dotted gray;}
```

はふつうのセルに対して背景色（シアン），上下余白（10ピクセル），枠線（太さ2ピクセル，点線，灰色）を指定している．

```
<style type="text/css">
<!--
table{border:4px solid black;}
th{background-color:lime; padding:10px 10px; border:1px solid gray;}
td{background-color:cyan; padding:10px 10px; border:2px dotted gray;}
-->
</style>
```

```
<table>
<caption>表1</caption>
  <tr><th>corner</th><th>列1</th><th>列2</th><th>列3</th></tr>
  <tr><td>行1</td><td>1-1</td><td>1-2</td><td>1-3</td></tr>
  <tr><td>行2</td><td>2-1</td><td>2-2</td><td>2-3</td></tr>
</table>

<table>
<caption>表2</caption>
  <tr><th>corner</th><th colspan="3">列</th></tr>
  <tr><td>行1</td><td>1-1</td><td>1-2</td><td>1-3</td></tr>
  <tr><td>行2</td><td>2-1</td><td>2-2</td><td>2-3</td></tr>
</table>

<table>
<caption>表3</caption>
  <tr><th>corner</th><th colspan="3">列</th></tr>
  <tr><td rowspan="2">行</td><td>1-1</td><td>1-2</td><td>1-3</td></tr>
  <tr>                      <td>2-1</td><td>2-2</td><td>2-3</td></tr>
</table>
```

図8.14 `<table>`タグの例

【演習8.12】図8.14を参考に3行4列の表を作成しなさい．次に，1行目の2〜4列目のセルと1列目の2〜3行目のセルを結合しなさい．また，枠線の色と背景色を変更しなさい．

8.5 CSSのプロパティ

CSSを使用した装飾と配置の基本的な使用法を説明する．

a. テキストのプロパティ

テキストに対しては，文字の大きさ，書体，行間，左右の配置などの指定が可能である．例えば，図8.7の例では

```
div.left{text-align:
left;}
```

のように，`<div>`タグに対するclass「left」は左揃えと配置を指定している．もし，フォントサイズ24 pt，イタリック，行の高さ38 pt，右揃えであれば以下のように指定すればよい：

```
div.left{font-size:24pt; font-style:italic;
line-height:38pt; text-align:right;}
```

ここで，「div.left」を「p」にすれば，`<p>`タグで囲まれる範囲に対してこの指定を適

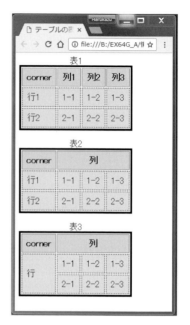

図8.15 テーブルの表示例

表8.4 テキストに対して指定可能なプロパティ

プロパティ名	意味	プロパティ値
font-family	フォント	フォント名，フォントタイプ
font-size	文字サイズ	ピクセル値，em，% など
font-weight	文字の太さ	数値（100, 200, ..., 900）
font-style	書体	italic, oblique, normal
line-height	行の高さ	ピクセル値，em，% など
text-align	行揃え	left, right, center, justify
text-indent	字下げ	ピクセル値，em，% など
letter-spacing	文字の間隔	ピクセル値，em，% など
word-spacing	単語の間隔	ピクセル値，em

*文字の太さを表す数値は，100が最も細く，900が最も太い．400がnormal，700がboldと同じ太さとなる．
*em：その要素のfont-sizeプロパティ値を1とする相対単位．

用できる．表 8.4 はテキストに対して指定ができるプロパティの一覧である．
  b. 配置のプロパティ
　上で述べたようにテキストの場合は「text-align」プロパティを使えば，テキストの左寄せやセンタリングが可能だが，図などの場合は要素の配置の指定は「float」プロパティを使用する．
　以下に，右寄せ，左寄せ，解除方法を示す．
　　　右寄せ：　セレクタ {float:right;}
　　　左寄せ：　セレクタ {float:left;}
　　　解除：　　セレクタ {clear:both;}
　ただし，一度 float の指定をすると，解除しないと永遠に指定が続くので解除を行うことも必要である．また，スタイルを指定するセレクタはタグそのものではなく，図 8.7 の class によるスタイルの指定例のように，class もしくは id 属性を対象にする．

8.6　タグとプロパティ使用上の注意

　HTML と CSS ではそれぞれタグとプロパティが規定されており，正しく記述する必要がある．W3C が提供している **Validator**（バリデーター）というサービス：
　　　　　https://validator.w3.org/unicorn/?ucn_lang=ja
を使うと，自分の作成した Web ページが正しいやり方で書かれているか確認することが可能である．本格的に Web ページの制作に取り組みたいときは，仕様書を勉強し，Validator を助けにして HTML と CSS を使用するのがよい．

8.7　Web ページ，SNS サイト開設・更新に関する一般的な注意

　Web ページを公開すると不特定多数の閲覧者が訪問してくることになる．そのため，ネチケットの基本である
　　　・他人に迷惑をかけない
　　　・自分が被害を受けない
ことに対する配慮が必要となる．そのためには，2.5 節でも解説したように，自分の作成した Web ページで以下のようなネチケット違反をしていないか，普段から注意する習慣が必要である．
　　① 人種・性別・思想信条などに基づく差別的な発言を掲載する
　　② 他人を誹謗中傷したり攻撃したりする発言を掲載する
　　③ 権利者の許諾をえずに画像，音楽，動画そしてプログラムなどを掲載する
　　④ 他の Web サイトや書籍などの内容を運営者や著作者に無断で転載する
　　⑤ 他人の住所，電話番号，写真，音声などの個人情報を本人に無断で掲載する

⑥ 猥褻な文書，画像，動画などを掲載もしくは掲載しているサイトへリンクする
⑦ 仕事上，学習上で守秘義務が発生する事案について掲載する
⑧ 自身の個人情報がわかる情報を掲載する

8.8 ホームページ作成のヒント

a. 思い通りに表示されないとき

自分の思った通りに表示されない場合，一番多い原因はタグのタイプミスである．タグのスペルが間違っていないか，注意深く見直そう．タグは半角文字で書かなくてはならない．とくにスペースが全角だと気づかないことが多いので注意しよう．

W3C validator は文法エラーを見つけてくれるので活用しよう．ただ，ある程度入力をした後にチェックにかけるとエラーが多すぎて収拾がつかないことがあるので，作り始めからこまめにチェックをする習慣をつけよう．

なお，何度チェックしても理由がわからないときは，思い切ってその部分を入力し直すのも有効な方法である．このときタグを自分でタイプしないで，タグエディタのタグ入力機能を活用すると，入力ミスの多くが防げる．

b. やりたいことを実現する方法がわからないとき

やりたいことをどうすればできるかわからないときは，次の方法が有効である：

- 教科書にやりたいことを実現するテクニックがないか，もう一度探してみる．
- 検索エンジンを使って，技法を記述したサイトを探してみる．ただし，大部分のサイトは個人が作ったものなので，間違いがある場合も珍しくないことは心に留めておくこと（2.5.3項参照）．
- HTML の書き方を解説した本を買ってきて参考にする．とくに書法を網羅したリファレンスは，一冊持っているととても便利である．

9 ネットワーク

　コンピュータは複雑な計算を自動処理するための機械として誕生したが，次第に文書作成や画像処理などさまざまな情報処理の道具としての役割を担うようになった．さらに1990年代後半におけるパーソナルコンピュータ（PC）の性能向上とインターネットの急激な発展により，コンピュータは情報伝達の手段としても欠かせないものになった．本章では，通信の道具としてのコンピュータの機能とそれを支えるコンピュータ・ネットワーク（以下，ネットワーク）の仕組みについて解説する．

9.1 LANとインターネット

　図9.1はインターネットの仕組みを模式的に描いたものである．

　学校や企業の中のコンピュータは **LAN**（local area network）と呼ばれる小〜中規模の閉じたネットワークで結ばれていることが多い[*1)]．世界中に無数にあるLANのような局地的なネットワークを相互に接続して，データのやりとりを行えるようにし

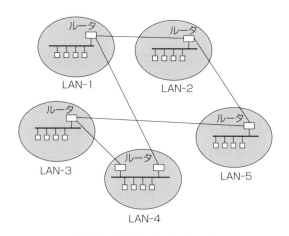

図9.1　LANとインターネット

[*1)] 大学のキャンパスが離れた場所にわかれている場合などは，複数のLANを専用回線で結んで1つのネットワークとする形態もあり，WAN（wide area network）と呼ばれている．

たのが**インターネット**である．また，LAN
をインターネットに接続するための機器を
ルータ（図9.2）という．LANからインターネットに送り出された情報（IPパケット）は，ルータが中継して目的のLANまで送られる．

図9.2 ルータ（重ねて使用可能）

容易に想像がつくように，LANの中とインターネットではデータ伝達の仕組みも，それぞれのネットワークにより実現できる機能にも違いがある．以下では，それぞれのネットワークでどのようなことができるかを述べる．なお，データ伝達の仕組みについては9.4節で解説する．

9.2 サーバとクライアント

ネットワークに繋がったコンピュータは，サーバとクライアントの2つに大きく分けることができる（1.1.8項参照）[*2)]．メールの送受信やWebページによる情報提供など，他のコンピュータからのリクエストに応じてサービスを提供するのが**サーバ**，一般のPCのようにサービスを受けるのが（他のコンピュータにサービスを提供することはしない）**クライアント**である．

なお，サーバという用語はサービスを実現するプログラムを指す場合と，そのプログラムが動いているコンピュータ（以下サーバマシン）を指す場合の両方に用いられる．クライアントという用語も同様で，とくに区別したいときは「クライアントPC」のような言い方をする．

サーバプログラムには表9.1のようなものがあり，日夜休まずに稼働している．なお，ネットワークに接続されたサーバ，PC，ネットワーク機器は**ホスト**[*3)]または**ノード**とも呼ばれる．

9.3 インターネット上のアドレスとドメインネーム・システム

電話回線網に接続された電話機が固有の電話番号をもっているように，インターネット上のホストコンピュータには4バイト（＝32ビット）からなる**IPアドレス**[*4)]と呼ばれる固有の番号が割り当てられている．この数値は1バイトごとに4桁に分けて

[*2)] ネットワークを介したサービスの提供方法には別の形態もある．病院の情報システム，銀行のオンラインシステム，交通会社の予約システムなどでは，中央にすべての処理を行う**メインフレーム**と呼ばれる汎用の大型コンピュータがあり，ユーザはメインフレームに回線を通じて直結された専用のターミナル（端末）を通してさまざまな処理を行う方式も使われている．

[*3)] ホストコンピュータという用語はメインフレームやサーバを指す場合もある．

9.3 インターネット上のアドレスとドメインネーム・システム

表 9.1 代表的なサーバ

Web サーバ	HTML に基づいて作られた情報を提供する
メールサーバ（MTA）	電子メールの送受信機能を提供する
FTP サーバ	ファイルの送受信機能を提供する
ファイルサーバ	ネットワーク上にファイルの保存場所を提供する
プリントサーバ	ネットワークプリンタを通した印刷をサポートする
DNS サーバ	IP アドレスとドメインネームの対応を調べる
DHCP サーバ	ネットワーク設定を自動的に行う機能を提供する
データベースサーバ	データベース機能を提供する

　　　　202.24.192.123

のように表される（各桁は 0 〜 255）．

【演習 9.1】自分のコンピュータに割り当てられている IP アドレスを調べてみよう．なお，Windows の場合，ネットワークの設定情報はコマンドプロンプトを利用して `ipconfig` コマンドで調べることができる．

　個々のホストコンピュータを IP アドレスという番号で表す方法は，複雑なコンピュータネットワークを人間が管理するには不便があるため，IP アドレスと平行してインターネット上のネットワーク（LAN や WAN）やその中にあるホストコンピュータを住所のような階層的な名前で管理する**ドメインネーム・システム**（DNS：domain name system）という方法が使われている．例えば，JPNIC（日本ネットワークインフォーメーションセンター）の Web サイトの IP アドレスは

　　　　192.41.192.145

であり，このアドレスを Web ブラウザに打ち込むとこのサイトにアクセスできるが，

　　　　www.nic.ad.jp

とドメイン名（⇒ 2.3.1 項）で指定してもよい．このとき，Web ブラウザはこのドメイン名がどの IP アドレスを指しているのかを，DNS サーバに問い合わせる．そして，戻ってきた IP アドレスを使って Web サイトを読みにいく．ドメインネーム・システムではこのように IP アドレスの代わりにドメイン名を使ってアクセスすることができる．利用している DNS サーバが止まっていると，Web サイトに IP アドレスではアクセスできてもドメイン名ではアクセスできない状態になる．

　さて，「www.nic.ad.jp」はドット（.）で区切られた右端から順に，

[*4)] IP は Internet Protocol の略である．IP アドレスを 32 ビットの数値で表す方式は IPv4（IP バージョン 4）と呼ばれるが，インターネットに接続するコンピュータや IP 電話などの急激な増加に伴い，アドレスが不足しつつある．そこで 128 ビットの数値を使って IP アドレスを表す方式（これを IPv6 と呼ぶ）への移行が進められている．

国名（jp：日本）
組織カテゴリ名（ad：ネットワーク管理団体）
組織名（nic：日本ネットワークセンター）
ホストコンピュータ名（www）

を表している．IPアドレスがインターネット上のコンピュータの場所を特定できる詳細な郵便番号，ドメイン名はそれに1対1に対応する人間向けの住所の表記と考える

表9.2　インターネットの主なドメイン名

組織カテゴリ	日本	gTLD
教育機関（大学等）	ac.jp	edu
教育機関（小・中・高校）	ed.jp	
ネットワーク管理団体	ad.jp	
企業	co.jp	com
政府機関	go.jp	gov(注)
ネットワークサービス団体	ne.jp	net
その他の団体	or.jp	org

注：govは米国内のみ使用可能

とよいだろう．どちらも世界中で1個しかなく，ホストコンピュータを一意に特定することができる．

　国を表すドメイン名には，jp（日本），us（米国），uk（イギリス），de（ドイツ），fr（フランス），it（イタリア），ca（カナダ），cn（中国）などがある．なお，米国では，国名を省略した3文字のgTLD（generic top level domain）というドメイン名が使われていることが多く，政府機関を表す.govと国防総省を表す.milドメインは米国内に限定されている．

　表9.2に，日本の主な組織ドメイン名と，対応するgTLDの名前を示した．日本のドメイン名としてはこのほかに，kanagawa.jp, tokyo.jpなどの地域型ドメイン名と呼ばれるドメイン名があり，地方公共団体の諸組織がこれに属する．さらに，汎用JPドメイン名と呼ばれる，xxxx.jpという形式の任意のドメイン名を組織や個人が申請して使用することもできる．

9.4　ネットワークの仕組み

　コンピュータを使って行う仕事は，文書作成や表計算のようにコンピュータ単体でできる仕事もあるが，Webで情報を調べたり電子メールをやりとりするなど，ネットワークに接続しないとできない仕事も多い．以下ではネットワークの仕組みについて解説する．

9.4.1　ネットワークの階層モデル

　離れた場所にあるコンピュータ間でデータをやりとりするには，まずデータ通信用の経路が必要である．次に，その経路の上でデータを物理的にどう表現するか，またデータの送り先を一意に同定するための住所の体系など，さまざまな仕組みとそれを実現するための共通の規格が必要である．

　このようないろいろな約束事を**プロトコル**と呼んでいる．ネットワークのプロトコ

表9.3 ネットワークの階層モデル

OSI 参照モデル	TCP/IP モデル	プロトコルの例
アプリケーション層	アプリケーション層	HTTP, FTP, Telnet, POP3
プレゼンテーション層		
セッション層		
トランスポート層	トランスポート層	TCP, UDP
ネットワーク層	インターネット層	IP
データリンク層	ネットワークインターフェース層	イーサネット，無線 LAN
物理層		

ルは目的ごとに独立に決めておくと都合がよい．例えば，有線や無線の経路でデジタルデータをそれぞれどう表現するかと，Webのデータをサーバとクライアントの間でどうやりとりするかは，次元の異なる話なので，それぞれ独立してプロトコルを決めておくほうがよい．そのため，ネットワークのプロトコルは表9.3のように階層に分けて定義されている．

階層の分け方はいくつかあるが，「**OSI**（Open Systems Interconnection）**参照モデル**」と「インターネットモデル（TCP/IP モデル）」が一番よく使われている．後者のほうが層の個数が少なくてわかりやすいが，前者にもよい点があるので，以下では織り交ぜて順に説明をしていく．

9.4.2 データを送る物理的な仕組み─物理層

現在のコンピュータはさまざまなデータを2進数で表している．したがって，コンピュータ間でやりとりされるのは2進数で表されたデジタルデータということになる．コンピュータの通信ではないが，FAXで画像を送る場合，画像をスキャナで取り込んで白黒の画像に変換して各点を0（白）と1（黒）に変換し，それを異なる高さの音に変えて電話回線を使って送る（変調という）．このように，データを送るには，

① データを送る通信経路（FAXの場合は電話回線）
② 0／1 を表すための物理的な方法（FAXの場合は音）

の双方が必要である．これをネットワークの「**物理層**」と呼んでいる（表9.3）．例えば，銅線を使った有線の通信の場合，電圧の大小を2進法の0と1に対応させればデジタルデータの伝達が可能になる．

ネットワークを介した通信を実現するためのハードウェアは，ネットワークインターフェース回路（**NIC**：network interface circuit）と呼ばれ，コンピュータに内蔵されていることが多い（そうでないときは，専用のインターフェース・カードをコンピ

ュータに取り付ける)．

　なお，データを変換して送受信を行う装置は，**モデム**（modulator-demodulator，変調復調装置）と呼ばれることもある．

【演習 9.2】コンピュータのネットワークを実現する物理的な媒体として，どのようなものが使われているか調べてみよう．あわせてそれぞれの転送速度（bps：bits per second）も調べてみよう．

【演習 9.3】自分の使っているコンピュータでは，ネットワークに繋ぐためにどのようなインターフェースが使われているか調べてみよう．

9.4.3　ネットワークインターフェース回路と物理アドレス

　郵便物を相手に届けるには，郵便を配送する物理的な仕組み（ネットワークの場合は物理層）とは別に住所と宛名が必要である．ネットワークを介したデータ送信でも，世界中のコンピュータの中から送り先を 1 つに同定するための住所と名前の体系が必要である．

　まず，名前だが，NIC は

　　　　00-1B-8B-BF-42-BF

のような世界中で唯一固有の 6 バイトの番号を製造時に与えられている．これを**物理アドレス**，または **MAC アドレス**（media access control address）と呼んでいる．一般に最初の 3 バイトがメーカ名，次の 1 バイトが機器の種類，最後の 2 バイトがシリアル番号である．

【演習 9.4】自分のコンピュータの NIC の物理アドレスとメーカ名を調べてみよう．なお，Windows の場合，コンピュータについている NIC の物理アドレスは，コマンドプロンプトを使って `ipconfig /all` というコマンドで調べることができる．

9.4.4　LAN とデータリンク層

　LAN の中でのデータ通信は宛名として物理アドレスを使用する**イーサネット**というプロトコルが使われることが多い．イーサネットは，さまざまな種類の物理層（例えば有線や無線）を土台として実現されている，コンピュータ間データ通信の規約ということになるが，このレベルは TCP/IP モデルではネットワークインターフェース層と呼ばれている（表 9.3）．

　イーサネットでは，各コンピュータは，データに宛先の物理アドレスと自分の物理アドレスなど必要な情報を付加した**フレーム**（イーサネットフレームともいう）という単位を作って物理層に送り出す．1 つのフレームの大きさは，64 〜 1518 バイトであ

り，データの大きさが 1500 バイト以上のときは複数のフレームに分割して送られる．

各 NIC はイーサネット上を流れるフレームを常時監視しており，宛先が自分の物理アドレスである場合はそのフレームを受け取ってデータを取り出すことにより，データを受信する．送信の際は宛名やデータをもとにフレームを生成し，イーサネット上を他のフレームが流れていないことを確認してフレームを送り出す（1 本の LAN ケーブルに異なる信号が同時に送られると信号の中身がわからなくなるので）．なお，たまたま同時に 2 つ以上のフレームが送り出されたときはフレームは廃棄され，一定時間おいて再送される．

9.4.5 IP アドレスとネットワーク層

インターネットはたくさんのネットワーク（LAN や WAN）が相互に接続された複雑かつ大規模なネットワークだが，サーバや PC が直接インターネットに接続されるわけではなく，LAN の入口（インターネットとの接続点）に置かれた「**ルータ**」と呼ばれるコンピュータを介してデータを送受信している．

さて，同じ LAN 内にあるコンピュータ間の通信は物理アドレスにより可能であるが，異なる LAN に属するコンピュータ間ではどうであろうか？

NIC には世界で 1 つしかない番号が与えられているので，理論的にはデータの送り先を物理アドレスで特定できそうであるが，現実にはそれは困難である．同じコンピュータが東京にある場合と，ニューヨークにもっていった場合では，データを送り届けるための経路も当然異なるので，郵便を届けるのに宛名のほかに住所が必要なように，物理アドレスのほかにネットワーク上の位置を特定できる情報が必要である．そのために工夫されたのが 9.3 節で説明した 4 バイト（= 32 ビット）からなる IP アドレスである．

【演習 9.5】JPNIC（www.nic.ad.jp）の IP アドレスを調べてみよう．なお，Windowsの場合，IP アドレスは `nslookup` コマンドで調べることができる．

LAN 内のコンピュータから LAN の外へデータを送る場合は，ルータはクライアント PC から LAN を通して送られてきたイーサネットフレームの中から送り先の IP アドレスとデータを取り出して **IP パケット** というデータ転送の単位にしてインターネットに送り出す．その際，送り先の IP アドレスを見て，いちばん効率のよい経路を選んでデータを送信する．東京の集配局から小包をトラックで送り出す場合に，北海道宛の小包と九州宛の小包では異なる経由地に送り出すのと同じことである．

データサイズが大きい場合はいくつかの IP パケットに分けてデータが送られる．家具の部品が多くて 1 個の小包で送れない場合に，複数の小包に分けて送るようなものである．

小包が目的地に届けられるまで，いくつかの集配局を経由するように，IP パケットはインターネット上のルータを経由して目的地に届けられる．この機能は**ネットワーク層**，またはインターネット層と呼ばれている（表 9.3）．

9.4.6 信頼のできる通信——トランスポート層

IP によりインターネットを経由して送られてきた IP パケットは，送信された順に並べ直して元のデータを復元することになるが，すべての IP パケットが同じ経路を通って届くわけではなく，また途中のルータや経路の不具合で到着が遅れたり不着になる事態も考えられる．

そこで考えられたのが，データ送信の手段としては IP を使いながら，送り手と受け手が相互に通信が成功しているかどうかを，これも IP を使って，情報交換することにより，完全な転送を実現する方法である．受け手は IP パケットを無事に受け取ったら，確認応答（ACK）を送信元に送る．送信元は ACK が一定時間たっても戻ってこなければ IP パケットは未着と判定して，再送をする．この方法は **TCP**（transmission control protocol）と呼ばれており，ネットワークの階層の中では**トランスポート層**と呼ばれている．IP とそれを使った TCP によりインターネットを介した信頼できる通信が可能になる．両者を合わせて **TCP/IP** と呼ぶ．

なお，トランスポート層のプロトコルとしては送達確認を行わない UDP（user datagram protocol）もあり，途中でデータが少々欠落しても構わないが素早い転送が要求される音声や画像の転送に用いられている．UDP も IP の上で動く．

9.4.7 ポート番号

郵便の場合，同じ家に家族が何人か住んでいる場合，郵便物を正しく届けるには住所の情報だけでなく，その家の誰に届けるかを指定しなければならない．IP の場合も同様で，IP は相手先のコンピュータの NIC を識別するだけなので，サーバ上で複数のプログラムが動いている場合（それがふつうだが），IP を使ってサーバに送られてきたデータをどのプログラムに渡すかを同定するための追加の情報が必要である．このために使われるのが**ポート番号**で，プログラムの種類により標準的な番号が決まっている．

クライアント PC 上でも，Web ブラウザとメーラー（電子メールの送受信を行うプログラム）が同時に動いていたりすることは珍しくないので，サーバと同様にどのプログラムにデータを届けるか，ポート番号で指定する必要がある．

【演習 9.6】自分のコンピュータでどんなポート番号が使われているか調べてみよう．なお，Windows の場合，コンピュータが監視している IP アドレスとポート番号

■ は netstat コマンドにより知ることができる．

9.4.8 ネットワークの各層におけるデータのフォーマット

ネットワークを介してコンピュータ間でやりとりされるデータの書式はネットワークの各層ごとに定義されているが，イーサネットなどのネットワークインターフェース層では「フレーム」，IPなどのネットワーク層では「パケット」，TCPなどのトランスポート層では「セグメント」と呼ばれる．それぞれの転送単位は，宛先などを含むヘッダ部とデータ部から成り立っている．

TCPセグメントのヘッダ部にはポート番号など送受信に必要な情報が，また，IPパケットのヘッダ部には宛先や自分のIPアドレスなどの情報が書かれておりデータ部にTCPセグメントをそのまま格納する．小包の宛先には送り先の住所（IPアドレス）が書かれており，その中には宛名の個人名（ポート番号）を書いた封筒（セグメント）が入っているようなものである．

インターネットから宛先住所としてIPアドレスを使ってLANに送られてきたIPパケットは，**ARP**（address resolution protocol）という仕組みによりIPアドレスに対応するNICの物理アドレスが探し出され，その物理アドレス宛にイーサネットフレームに格納して配達される．インターネットで送り先として使われたIPアドレスが住所＋部署名とすれば，LANで宛先として使われる物理アドレスは部署名に対応する部屋番号と考えるとよいだろう．大学や会社に部署名を宛先として送られてきた郵便物（IPパケット）を，組織内で配布するために大きな封筒（イーサネットフレーム）に入れて建物と部屋番号（物理アドレス）を記入して配布するようなものである．イーサネットフレームを受け取ったPCはデータ部に入っているIPパケットを取り出し，さらにIPパケットの中のデータ部のTCPセグメントを取り出してポート番号と送られてきたデータに分け，対応するアプリケーションに手渡す．

9.4.9　LANからインターネットを利用するための仕組み

(1) ルータ

ルータはLANとインターネットの境界に位置し，LANに属するマシンとしてLANとインターネット間のデータ転送の中継を行うとともに，インターネットに属するマシンとしてインターネットを流れるデータの中継を行う．

(2) ファイアウォール

LANの入口に配置され，インターネットから送られてくるIPパケットの中身を解析して有害なものを遮断することにより，LAN内のサーバやPCを保護するためのコンピュータ，またはそのためのプログラムを**ファイアウォール**という．クライアントPCを守るためにクライアントPC上で動くファイアウォール・プログラムも

ある．

(3) ゲートウェイ

通常，大学や企業のLANはデータを効率よく転送するためにサブネットワークという部署ごとなどのネットワークに分割される．LANやその中のサブネットワークの入口にあって，中と外とのデータの送受信の中継をするのが**ゲートウェイ**である．ゲートウェイは中継が必要なデータかどうかを判断して転送を行い，また内と外でデータのフォーマットが異なる場合はその変換を行う．ルータやファイアウォールも一種のゲートウェイである．

(4) プロキシサーバ

代理サーバとも呼ばれる．ネットワークの入口にあって，中のコンピュータがインターネット上のコンピュータにアクセスしたい場合，代わりに作業を行い，その情報を記録しておく（キャッシュという）．他のコンピュータが同じ情報にアクセスするときは，プロキシサーバ上のキャッシュを参照すればよいので，全体の効率をよくするために用いられるときがある．逆の働きをするサーバもあって，ネットワークの外からネットワーク内のコンピュータにアクセスする場合に，代わって必要な情報を取得して外のコンピュータに返す．このような働きをするサーバを**リバースプロキシサーバ**といい，中のコンピュータを外からの攻撃から守るためなどに使われる．

【演習9.7】自分のPCから例えば9.3節で挙げたサイトにアクセスする際，どのような経路を経由しているか調べてみよう．なお，Windowsの場合，自分のPCから指定したホストまでの到達経路と到達時間は`tracert`コマンドにより調べることができる．

9.5 ネットワークの設定

9.5.1 IPアドレスの取得

IPアドレスは世界中で唯一の郵便番号のようなものなので勝手に付けることはできない．日本ではJPNIC（日本ネットワークインフォーメーションセンター）が一括管理・配布を行っている．通常は自分の属する組織のネットワーク管理者に問い合わせる．

9.5.2 プライベートIPアドレス

IPアドレスは郵便番号のようなものだが，残念ながら世界中のコンピュータに割り当てられるほど個数がない．そこで考えられたのが，LANの中のコンピュータにLANの中だけで通用するIPアドレスを割り当てる方法である．これを**プライベートIPア**

ドレスまたはローカル IP アドレスと呼んでいる．具体的には，
>   10.0.0.0 〜 10.255.255.255
>   172.16.0.0 〜 172.31.255.255
>   192.168.0.0 〜 192.168.255.255

の範囲の IP アドレスは LAN の中であれば自由に割り当てることができる．

それに対して世界中でただ 1 個しかない通常の IP アドレスは**グローバル IP アドレス**と呼ばれる．グローバル IP アドレスは外線電話番号，プライベート IP アドレスは内線番号に例えられる．

プライベート IP アドレスのままではインターネットを介した通信はできない．そこで複数のプライベート IP アドレスに対して共通に使用するグローバル IP アドレスを 1 個用意し，プライベート IP アドレスとポート番号の組み合わせが一意に特定できるよう元のポート番号を別のポート番号に変換してインターネットと通信する方法が使われる．

プライベート IP アドレスとポート番号の双方を変換して，1 個のグローバル IP アドレスと変換したポート番号の組み合わせで，複数の PC がインターネットと通信できるようにするこの方法は **NAPT**（network address port translation）と呼ばれている．

9.5.3 ネットワーク接続の設定

コンピュータ，正確には NIC をネットワークに接続するには，少なくとも以下の 4 つの情報を設定しなくてはいけない：

① IP アドレス
② サブネットマスク（IP アドレスの解釈に必要な設定情報）
③ デフォルトゲートウェイ（自分のネットワークの出口のルータ）のアドレス
④ DNS サーバのアドレス

設定はコンピュータの所有者が自分で行うやり方と，DHCP（dynamic host configuration protocol）という仕組みにより自動的に行う方法の二通りがあり，ネットワークによりやり方が定められているので管理者の指示を仰いで設定を行う（間違った設定を行うとネットワークに混乱を引き起こすことがあるので十分に注意をすること）．

なお，DNS サーバは Web にアクセスする場合など，ドメイン名で指定したアドレスを対応する IP アドレスに変換するサービスを行うサーバである．

■【演習 9.8】自分の PC のネットワークの設定を調べてみよう．

10 コンピュータにおけるデータ表現

　現代の PC は，数以外にも，文字，画像，音声，動画など，さまざまな種類のデータを扱わなくてはならない．本章では，数や文字や画像をコンピュータの中でどう表現するか考えていくが，これはそうした情報を 2 進数でどう表現するかという問題になる．整数の表現方法，負の数の表現方法，実数の表現方法，文字の表現方法から順に見ていく．

10.1　2 進法

10.1.1　位取り記法

　人間は数を数えたり計算をするのに，ふつう 10 進数を使う．10 進数を表すのに，「百二十三」のように日本語の発音通り表記することもあるが，計算をする場合は，

$$123$$

のように数字を並べて書く．この「数字の列」は 1 と 2 と 3 のことではなく，100 が 1 個，10 が 2 個，1 が 3 個，つまり，

$$123 = 1 \times 10^2 + 2 \times 10 + 3 \times 1$$

という意味である．

　この数の表記法を**位取り記法**といい，「123」の 1 つ 1 つの数字を**桁**（digit），基本となっている 10 を**基数**（radix）と呼ぶ．それぞれの桁で数の大きさを表すのが「数字」で，10 進数の場合「0」「1」「2」「3」「4」「5」「6」「7」「8」「9」という 10 種類の数字を使う．この桁を利用した表記方法により，人間は大きな数を簡潔に表現できるようになった．また，3 桁掛ける 3 桁の掛け算のような複雑な計算も「筆算」により簡単に行うことができるようになった．

10.1.2　2 進数

　桁を使って数を表すとき，基数が 10 である必然性はどこにもない．例えば，時間の場合，

$$2 \text{ 時間 } 34 \text{ 分 } 56 \text{ 秒}$$

は秒に直すと

$$2 \times 60^2 + 34 \times 60 + 56 \times 1 \quad （秒）$$

であり，この場合は 10 でなく 60 が基数となっている．このように，10 以外にも 5, 12, 20, 60 などの基数を使った数の表現方法も実生活の中で使われている．

　基数を n とした場合の数体系（数をどう表現するかの約束）を n 進法，n 進法の位取り表記を n 進数と呼ぶ．人間が 10 進法を使うことが多いのは，指の数が両手合わせて 10 本であったことと関連が深いと思われる．複雑な計算の補助をする道具として日本には「算盤（そろばん）」があるが，人間が操作をすることから「10 進位取り記法」をもとに 10 進数の 1 桁を 5 の玉と 1 の玉の組み合わせで表している．

　では，電卓やコンピュータの場合はどうであろうか．機械や電子回路を使って数を表現・操作する場合，10 進法を使うことも不可能ではないが，「0」か「1」かの区別さえつけばよい 2 進法のほうが表現手段が多いうえ，演算処理の上でも回路が単純になり有利である．そこで，電卓やコンピュータの場合，その内部で情報を表現し，計算をするのに 2 進法を採用している．

　2 進数の 1 桁を，binary digit を縮めて**ビット**（bit）と呼ぶ．なお，デジタルコンピュータで 2 進数のデータを扱う場合，1 ビット単位は効率が悪いので 8 ビットまたはその整数倍を単位とすることが多い．8 ビットのことを**バイト**（byte）と呼び，単位記号として「B」を使うことが多い．

●**問 10.1**　次の 2 進数を 10 進数に変換せよ．
　(1) 00100011，　(2) 00111111，　(3) 01000000

10.1.3　2 進と 10 進の変換

　2 進法の位取り記法で数を表すと，例えば 2 進法の「1101」は，
$$1101_{(2)} = 1 \times 2^3 + 1 \times 2^2 + 0 \times 2 + 1 \times 1 = 13_{(10)}$$
つまり，10 進数の 13 ということになる．なお，「$_{(2)}$」は 2 進数，「$_{(10)}$」は 10 進数であることを示す記号で，何進法の表記か混乱のおそれがあるときはこの表記法を使う．

　また，小数の場合は次のようになる．
$$0.1101_{(2)} = 1 \times 2^{-1} + 1 \times 2^{-2} + 0 \times 2^{-3} + 1 \times 2^{-4} = 0.5 + 0.25 + 0 + 0.0625$$
$$= 0.8125_{(10)}$$

　2 進数を 10 進数に直す，つまり 2 進の位取り記法で表された数を 10 進の位取り表記に直すのは，定義に従って上式のように計算するだけである．では，10 進法で表されている数を 2 進法で表すにはどうしたらよいであろうか．$13_{(10)}$ を例にとって考えてみると，
$$13_{(10)} = 8 + 4 + 0 + 1$$
$$= 1 \times 2^3 + 1 \times 2^2 + 0 \times 2 + 1 \times 1$$
$$= 2 \times (1 \times 2^2 + 1 \times 2 + 0) + 1$$

であるから，$13_{(10)}$ を2で割ったときの余り1が，2進で $13_{(10)}$ を表記したときの一番右の桁である（つまり，奇数であれば一番右の桁は1，偶数なら0）．

同様にして，その商 $(1 \times 2^2 + 1 \times 2 + 0) = 6$ については，

$$6 = 1 \times 2^2 + 1 \times 2 + 0$$
$$= 2 \times (1 \times 2 + 1) + 0$$

なので，偶数なら右から2番目の桁は0，奇数なら1である．つまり，10進数を2進数に直すには2で繰り返し割っていき，余りを右から順に並べればよい．

筆算で計算する場合は，以下の図のように商がゼロになるまで2で割っていき，その余りを順に右から並べればよい．この場合は，$13_{(10)} = 1101_{(2)}$ と変換できる．

```
2) 13              2) 13
    6 …… 1         2)  6 …… 1
    ↓              2)  3 …… 0
2) 13                  1 …… 1
2)  6 …… 1             ↓
    3 …… 0         2) 13
    ↓              2)  6 …… 1
                   2)  3 …… 0
                   2)  1 …… 1
                       0 …… 1
```

●問 10.2　次の10進数を2進数に変換せよ．
(1) 43,　(2) 55,　(3) 143

●問 10.3　次の2進小数を10進数で表せ．
(1) 0.1,　(2) 0.1111

●問 10.4　10進数の0.8を2進小数で表せ．

10.1.4　大きな数の単位

コンピュータでは，メモリやハードディスクの大きさやCPUが動作する周波数を表すのに大きな数が必要になる．通常，大きな数を表すとき，

10^3 …… キロ（K）
10^6 …… メガ（M）
10^9 …… ギガ（G）
10^{12} …… テラ（T）
10^{15} …… ペタ（P）

という単位を使うが，2進数で動くコンピュータでビットやバイトを単位とするときは，大きな数を表すときも「2のべき乗」を基準にしたほうが都合が良い面がある．そこで，2の10乗（=1024）が千に近いことからこれをK（キロ）とみなして，

$1\,\mathrm{K} = 2^{10} = 1{,}024$

$1\,\mathrm{M} = 2^{20} = 1{,}048{,}576$

$1\,\mathrm{G} = 2^{30} = 1{,}073{,}741{,}824$

という定義で使うことがよくある．

10.1.5　2進数を読む────8進数と16進数

2進法はコンピュータの中で数を扱うには便利であるが，2進数で表記をすると，例えば10進数の $1{,}000_{(10)}$ は

$1111101000_{(2)}$

となり，人間には直感的にわかりにくく，桁数が多いことで読み間違う可能性も高くなる．そこで，2進数の3桁ずつを束ねてみると，

$1{,}111{,}101{,}000_{(2)} = 1 \times 2^9 + 7 \times 2^6 + 5 \times 2^3 + 0 \times 1$

$\qquad\qquad\qquad = 1 \times 8^3 + 7 \times 8^2 + 5 \times 8 + 0$

となり，8進の位取り表記に簡単に変換でき，

$1750_{(8)}$

となる．これだと桁数も少なくなり人間にも読みやすい．

さて，現在のコンピュータは1バイト（8ビット），つまり2進の8桁を単位としてデータを扱うことが多い．1バイトの2進数を4桁ずつ束ねて表記すれば，16進の位取り表記となる．例えば

$1001{,}0101_{(2)} = 9 \times 2^4 + 5 \times 1$

$\qquad\qquad\quad = 9 \times 16 + 5 \times 1$

なので，16進では「95」となる．このように16進数にすれば1バイトを2桁で表せて便利である．ところが，16進数の場合，16進数の1桁を表すのに16種類の数字が必要となる．そこで考えられたのがアルファベットのAからFまでを，10進数の10から15までの数を表す数字として用いる方法である．

この方法を使うと，

$1111{,}1101_{(2)} = 15_{(10)} \times 2^4 + 13_{(10)} \times 1$

$\qquad\qquad\quad = 15_{(10)} \times 16_{(10)} + 13_{(10)} \times 1$

$\qquad\qquad\quad = \mathrm{F}_{(16)} \times 16_{(10)} + \mathrm{D}_{(16)} \times 1$

$\qquad\qquad\quad = \mathrm{FD}_{(16)}$

となる．

16進数は，コンピュータ内で扱われているさまざまな2進数を人間が参照する場合

によく使われている．表 10.1 に，10 進数，2 進数，8 進数，16 進数の対応を示す．

●問 **10.5** 次の2進数を16進数で表せ．
(1) 00101011, (2) 00111111,
(3) 01000000

●問 **10.6** 次の16進数を10進数に変換せよ．
(1) 10, (2) 41, (3) A0,
(4) FF

10.2 負の整数の表現方法—補数

コンピュータの中で2進数を使うとよいことはわかったが，負の数はどう表現すればよいのだろうか．紙に数を書くときと違って，マイナスの符号はコンピュータの中では使えない．あくまで，0と1という2つの数字だけで何とかしなくてはならない．

表 10.1　10進数，2進数，8進数，16進数の対応

10進数	2進数	8進数	16進数
0	0	0	0
1	1	1	1
2	10	2	2
3	11	3	3
4	100	4	4
5	101	5	5
6	110	6	6
7	111	7	7
8	1000	10	8
9	1001	11	9
10	1010	12	A
11	1011	13	B
12	1100	14	C
13	1101	15	D
14	1110	16	E
15	1111	17	F
16	10000	20	10

議論をわかりやすくするために，1つの整数を表現するのに4ビット，つまり2進数で4桁使う場合を考えてみる．このとき，2進数で4桁なので16個の数が表せるが，正の数に半分，負の数に半分使うとする．仮に最上桁が0なら正の数とすると正の数としては表10.2の「正の数」で示した7個の数が扱えることになる．

このように0または正の整数をコンピュータの中で表すのは簡単だが，負の数を表す方法も必要である．単純に考えると，一番上のビットが0なら正，1なら負を表す約束にすれば-1から-7までの数を表すことができる．例えば，7は「0111」，-7は

表 10.2　1の補数と2の補数

10進表記	正の数	10進表記	1の補数	2の補数
1	0001	-1	1110	1111
2	0010	-2	1101	1110
3	0011	-3	1100	1101
4	0100	-4	1011	1100
5	0101	-5	1010	1011
6	0110	-6	1001	1010
7	0111	-7	1000	1001

「1111」で表す．下の3桁は正の数のときも負の数のときも絶対値であるから人間にもわかりやすい．このとき，一番上のビットは数ではなく正負の符号を表しているので，サインビット（sign bit）と呼ぶ．

しかし，コンピュータの中で負の数を扱うにはもっとよい方法がある．それは**補数**（complement）を使う方法である．計算は簡単で，表10.2の「1の補数」のように4桁のそれぞれで0と1を逆にする．このとき，「正の数」と「1の補数」を足すとどの組み合わせもすべて「1111」になる．例えば，$5_{(10)} = 0101_{(2)}$ であれば，$-5_{(10)}$ は $5_{(10)}$ と足し合わせると $1111_{(2)}$ になる数 $1010_{(2)}$ とするのである．これを**1の補数**（one's complement）と呼ぶ．さらに，1の補数に1を足すと，足し合わせると「10000」になる数ができるが[*1]，これを**2の補数**（two's complement）と呼ぶ．

負の数を2の補数で表すと，引き算が次のように足し算で計算できる：

$$5-2 = 5+(-2) = 0101_{(2)} + 1110_{(2)} = [1]0011_{(2)} = 3$$
$$2-5 = 2+(-5) = 0010_{(2)} + 1011_{(2)} = 1101_{(2)} = -3$$

5桁目は表せないので無視すると，答が正になる場合はふつうの2進数，負になる場合は2の補数による表現になっており，引き算が負の数との足し算で正しく計算できることがわかる．

このように補数を使えば，引き算を足し算に置き換えて計算できるので，後述する演算の回路の設計にあたっても加算回路だけ作っておけば加減算が可能となり，回路の設計の上からも有利である．そのため，コンピュータの中では負の整数を表すのに補数を用いている．

一般に，2進 n 桁の場合は整数 x（≥ 0）に対して，

$$2^n - x$$

を2の補数，

$$(2^n - 1) - x$$

を1の補数とよぶ．2進8桁であれば，2の補数の場合，-128 から 127 の範囲の数を表せる．

さて，以上は整数をコンピュータの中で表現するための原理であるが，実際はどうなっているのであろうか．ある原理をコンピュータに組み込んで実際に使えるようにするこ

表10.3 ビット長と表現可能な整数の範囲の関係

長さ	表現可能な範囲	
	整数のとき	0または自然数のとき
8ビット	$-128 \sim 127$	$0 \sim 255$
16ビット	$-32{,}768 \sim -32{,}767$	$0 \sim 65{,}535$
32ビット	$-2{,}147{,}483{,}648 \sim 2{,}147{,}483{,}647$	$0 \sim 4{,}294{,}967{,}295$

[*1] 下4桁をみると0000なので，「正の数」と「その数の2の補数」を足すとゼロになる．つまり「2の補数」は「負の数」になっていると考えることができる．

とを「実装」という．整数に関しては，たいていのコンピュータが8ビット，16ビット，32ビットで整数を表す機能とそれを演算する回路（演算回路という）を実装している．表10.3は，1つの整数を表すのに使用するビット数（これを「ビット長」という）ごとの表現できる数の範囲である．

10.3　実数の表現方法—浮動小数点表示

実数をコンピュータの中で表現するには，小数をどのように扱うかを決めなくてはならない．これには，固定小数点表示と浮動小数点表示という2つの方法がある．話をわかりやすくするために10進8桁で実数値を表す場合を考えてみよう．実数の正負も実際は補数で表すが，ここでは正負の符号も10進1桁を使うとしておく．例として，

$x = -1234$

$y = 0.09876$

の2つの数を表す場合を考えてみる．

a.　固定小数点表示

固定小数点表示（fixed-point representation）は，8桁のどこに小数点を置くかをあらかじめ決めておく素朴な方法である．最上位の桁は正負の符号に使うことにすると，-1234を表現するには，小数点は左から5桁目より右側になければならない．そこで，小数点の位置を左から5桁目と6桁目の間に置くことにすると，

$x = -1234$　　⇒　　| − | 1 | 2 | 3 | 4 | 0 | 0 | 0 |

$y = 0.09876$　⇒　　| + | 0 | 0 | 0 | 0 | 0 | 9 | 8 |

となる．つまり，桁数に限りがあるために，yは上2桁までしか表示できず精度が低下してしまう．

上から何桁目までが本当の数と合っているかを有効桁というが，絶対値が小さな数では有効桁が極端に少なくなってしまう．例えば，0.0000987は小さすぎて0と同じにしか表現できない．これを**アンダーフロー**というが，計算を行う上で致命的になることがある．また，この場合は$-9999.999 \sim 9999.999$の範囲の数を表せるが，計算結果の絶対値が10000を超えると結果を表せなくなる．これを**オーバフロー**という．

しかし，このような制限はあるが，次に述べる浮動小数点演算より高速に処理できるという利点があり，信号処理や画像処理専用の演算装置で使われている．

b.　浮動小数点表示

浮動小数点表示（floating-point representation）では，表したい数を，

$a \times R^b$

の形に変換して，**仮数**（mantissa）aと**指数**（exponent）bの組み合わせで表現する．この形式の数を浮動小数点数と呼ぶ．わかりやすくするために，$R = 10$としてみる．

また，表現方法を1通りに決めるために，仮数は0.1以上1未満の数となるように調整することにする（これを正規化という．もちろんゼロのときは0でよい）．仮数に5桁を使い，指数（整数）に3桁を使うことにすれば，$x = -1234$, $y = 0.09876$ の場合，

$x = -0.1234 \times 10^4$

$y = +0.9876 \times 10^{-1}$

だから

$x = -1234$ ⇒ | − | 1 | 2 | 3 | 4 | + | 0 | 4 |

$y = 0.09876$ ⇒ | + | 9 | 8 | 7 | 6 | − | 0 | 1 |

と表せばよいことになる．

この方法だと，絶対値で 0.1000×10^{-99} から 0.9999×10^{99} までの広い範囲の数を，常に有効桁4桁で表せることになる（もちろん，ゼロはゼロとして表現できる）．したがって，固定小数点表示のときよりオーバフローやアンダーフローがはるかに起こりにくくなり，計算精度の上からも有利である．

しかし，仮数と指数という2つの数を処理しなくてはいけないので演算処理に時間がかかるという問題がある．そこで，汎用のCPUは浮動小数点演算専用の回路を備えていることが多い．また，精度については，多くのCPUはIEEE（Institute of Electrical and Electronics Engineers，「アイトリプルイー」と読む）の制定したIEEE754という浮動小数点演算規格をサポートしている．1つの浮動小数点数を表すのに，32ビット（4バイト）を使う「単精度」や64ビット（8バイト）を使う「倍精度」があり，それぞれの符号・仮数・指数のビット数（ビット長），表せる数の範囲，10進で表した精度は表10.4のようになっている．

表10.4　浮動小数点表示のビット数とおよその精度（IEEE-754）

	ビット数				精度	
	仮数の符号	仮数	指数	計	範囲	有効桁
単精度	1	23	8	32	$10^{-38} \sim 10^{38}$	約7桁
倍精度	1	52	11	64	$10^{-308} \sim 10^{308}$	約16桁

10.4　文字の表現方法

コンピュータでは，数だけでなく文字も扱う．2進数しか使えないのであるから，文字と2進数の対応の約束をあらかじめ決めて，その約束に沿って文字を表現することになる．7ビットの場合，

$2^7 = 128$

なので 128 個の 2 進数を表現できる．よってそれぞれの 2 進数に文字を 1 つ対応させれば，128 種類の文字まで表現できる．8 ビットなら 256 種類である．このように，文字を 2 進数で表す規則を**文字コード**（character code）またはコードという．

英数字と少数の記号だけですむ英語圏の文字などでは，7 ビットまたは 8 ビットで十分である．これに対して，日本語の場合には，ひらがな，カタカナのほかに，多くの漢字があり，これらの文字を表現するためにはビット数を増やす必要がある．そこで，ビット数を増やした日本語漢字コードを 1 つ決めておけばよさそうであるが，実状は少々複雑な上，用語にも混乱がある．

Web ページを閲覧したり電子メールを読もうとしたときに，表示が正しく行われず内容が読めないことがときおりある．これは，Web ブラウザや電子メールソフトが，送られてきた文書の文字コードを正しく変換できなかったことが原因であることが多いが，この問題を解決するためにも文字コードの知識が不可欠である．

図 10.1 は Web ブラウザで，文字コードの指定をするメニューである．［エンコード］を選ぶと，「Unicode（UTF-8）」「日本語（Shift-JIS）」，「日本語（EUC-JP）」，「日本語（ISO-2022-JP）」，「Unicode（UTF-16LE）」といった用語が見える．文字の表現方法は複雑なため，すべてに精通しておく必要はないが，文字の表現方法の基本的な原理は理解しておきたい．そこで以下では，まず 7 ビットと 8 ビットの代表的なコードについて説明した後，日本語の文字のコード化の方法について解説する．読み終えたときに図 10.1 の上から 4 つの用語について理解できていることが本節の目標である．なお，以下の説明ではコードは 16 進数で表す．

図 10.1　Web ブラウザの文字コード選択メニューの例

a. ASCII

ASCII（アスキー；American Standard Code for Information Interchange）は，

米国規格協会（ANSI）が 1963 年に制定した英数字と記号を含んだ 7 ビットのコードで，世界中で広く使われている．

第 5 章の章末表は ASCII コードの一覧である．キーボードで文字を入力する際は，「A」「B」「C」のような普通の文字だけでなく改行 [Enter] やタブ [TAB]，BackSpace [BS] など，「操作」に対応するキーも入力する．コンピュータの中ではこれらの操作にも文字コードを割り当てて文字の 1 つとして扱い，画面に文字として表示されるふつうの文字（図形文字と呼ぶ）と区別して**制御文字**と呼んでいる．

ASCII では 128 種類の文字を表すことができ，表では灰色で網掛けした，16 進数でいうと 00 ～ 1F に LF，CR，BackSpace，ESC のような制御文字を割り当てている．また，それ以降は，20 にスペースを，21 ～ 7E に 94 種類の印刷可能なふつうの文字（図形文字）を割り当てている．なお $(7F)_{(16)} = (1111111)_{(2)}$ は，紙テープ（穴があいていれば 1 を表す）の時代に削除の際に 7 ビットすべてに穴を開けたなごりで，今でも削除を表す制御文字「DEL」となっている．

ISO646 は，ASCII を元に国際標準化機構（International Standardization Organization）が定めた 7 ビットのコードで，ASCII の一部を各国の事情に合わせて一部差し替えてよいことにしたものである．

b. ISO/IEC 8859

図 10.1 の下の方にある「ISO-8859」は，主にヨーロッパ諸国の文字が扱えるように，上記の ISO646 を 8 ビットに拡張して 256 文字を表せるようにした文字コードである（正式名は ISO/IEC 8859）．ISO/IEC 8859 には，ISO 8859-1 から ISO 8859-16 まで，15 種類（ISO 8859-12 は欠番）の規格がある．

c. 符号化文字集合とエンコーディング方式

日本語の文字のコード化については，初期の頃から，**符号化文字集合**（文字集合ということもある）と**エンコーディング方式**に分けて考える方法が使われている．符号化文字集合とは字のとおり，ある種の文字の集まりを決めて（character repertoire という），その各文字に番号を付けたもので，日本で使われているものとしては以下のような規格がある．

　　　　ASCII
　　　　JIS X 0201：　いわゆる半角英数字，半角カナ
　　　　JIS X 0208：　いわゆる全角の文字
　　　　JIS X 0213：　補助漢字

コンピュータで日本語を使う場合，これらの文字を組み合わせて使うことになる．文字の番号は文字集合間で重なることがあるため，文字の番号を単純に 2 進数にしただけでは文字コードとして使えない．ここが，ASCII や ISO/IEC 8859 との大きな違いである．また，ASCII の制御文字に対応するコード（表 10.5 の 00 ～ 1F と 7F）を

ふつうの文字のコードとして使用すると不都合が起こることがある．

つまり，漢字にはそれぞれ JIS で番号が定められているが，そのまま 2 進数にしただけではコンピュータで使うことはできない．どの文字集合の何番目の文字か識別できるように変換する「規則」が別に必要となる．このための規格をエンコーディング方式または**文字符号化方式**（CES：character encoding scheme）といい，次のようなものがある．

  ISO-2022-JP（JIS）
  Shift-JIS（シフト JIS）
  EUC-JP

例えば，このページの文章で使っているひらがなや漢字に対して，上の方式がそれぞれ対応するコードの表をもっているわけではない（一覧表をつくることは可能だが）．いずれも，ひらがなと漢字の対応表は符号化文字集合 JIS X 0208（いわゆる JIS 漢字コード）の文字番号を使っている．ただ，その番号を実際に 2 進数に直すときの方法が異なり，上の呼称はいずれもそれぞれの変換方式（エンコーディング方式）に対する名前である．

なお，上でも述べたように ASCII しか必要ない英語圏では，文字の番号と実際の文字コードは同じもので済むので，文字集合とエンコーディングを分けて考える必要はない．

d. JIS X 0201

正式名称は「7 ビット及び 8 ビットの情報交換用符号化文字集合」，いわゆる**半角カタカナ**や半角英数字である．日本語用に最初に使われた文字集合で，7 ビットでは日本語を入れる余裕がないので，ISO 646 を 8 ビットに拡張してカタカナを表せるようにしたものである．

e. JIS X 0208（JIS 漢字コード）

JIS X 0208 はいわゆる JIS 漢字コードで，漢字，ひらがな，カタカナ，英数字，記号など 6879 字が含まれている．うち，漢字は常用漢字を含めた 2965 種類の漢字を**第 1 水準**，それ以外の 3390 種類の漢字を**第 2 水準**と呼んでいる．

各文字には，区番号と点番号がつけられており，あわせて**区点番号**といい，10 進 4 桁の数字で表す．例えば，「亜」の区番号は $16_{(10)}$，点番号は 1 であり，区点番号は 1601 となる．

区点番号のほかに，単独の使用の際にそのままコードとして使えるよう，区番号と点番号にそれぞれ $32_{(10)}$ を足した数字を 16 進 4 桁で表したものも併記されており，こちらは**十六進コード**と呼ばれいる．

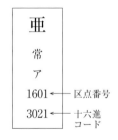

10.4 文字の表現方法

「亜」の場合は，上 2 桁が

$$16_{(10)} + 32_{(10)} = 48_{(10)} = 30_{(16)}$$

下の桁が

$$01_{(10)} + 32_{(10)} = 33_{(10)} = 21_{(16)}$$

なので $3021_{(16)}$ となる．

なお，最近の漢和辞典では前頁右下の図のように JIS X 0208 の区点番号と十六進コードが併記されていることが多い．

f. ISO-2022-JP

JIS コードと呼ばれることもある．ISO/IEC 2022 という国際規格に準拠した，以下の 4 種類の文字集合を混在できるエンコーディング方式である．

  ASCII
  JIS X 0201 のうち 7 ビットの文字（半角カナは 8 ビットなので除く）
  JIS X 0208（1978 年版（旧 JIS）と 1983 年版（新 JIS））

どの文字集合の文字なのか区別するために，文字集合の種類が変わるところで区切りを表す特別の文字をはさむ．

この切り替えは，$1B_{(16)}$（ASCII の ESC）の後に文字集合を指定する 2 バイトの文字をつけて行う．例えば，ここから新 JIS の文字が始まるときは ESC の後に ASCII の「$B」を続けて指定する．この方法を**エスケープシーケンス**（escape sequence）と呼んでいる．表 10.5 はその一覧である．

この方法により，文字コードの列を最初からたどっていけば，どの文字集合のどの文字に対するコードであるか判定することができる．例えば，「字 ABC」という文字列の場合，「字」の JIS X 0208 の 16 進コードは「3B 7A」，A, B, C の ASCII コードは「41」「42」「43」なので，「字 ABC」を ISO-2022-JP でエンコードすると，

  ESC $B 字 ESC（B A B C

16 進で表すと，

  1B 24 42 3B 7A 1B 28 42 41 42 43

となる．

ISO-2022-JP は，各バイトの最高桁が 0 となる 7 ビットコードで，電子メールなどコ

表 10.5 ISO-2022-JP のエスケープシーケンス

文字集合	シーケンス	16 進表記
ASCII	ESC（B	1B 28 42
JIS X 0201（半角文字）	ESC（J	1B 28 4A
JIS C 6226-1978（旧 JIS）	ESC $ @	1B 24 40
JIS X 0208-1983（新 JIS）	ESC $ B	1B 24 42

ンピュータ間のデータ交換に広く使われているが，半角カナは使えないことに注意する必要がある．

g. Shift-JIS（シフト JIS）

PC で日本語を取り扱うために 1983 年に民間会社が共同提案したエンコーディング方式で，今でも PC で日本語を表すのに使われている．

   JIS X 0201：　いわゆる半角英数字，半角カナ
   JIS X 0208：　いわゆる全角の文字

を，前者は 1 バイトで，後者は 2 バイトで表す．前者は文字の番号をそのまま 2 進のコードとしている．後者は，元の 16 進表示だと前者と区別がつかなくなるので，第 1 バイト目は前者で使っていないところを当て，第 2 バイトも複雑にずらして，両者が混在できるよう工夫している．全角の文字の番号を複雑にずらして 2 進のコードにすることから「シフト」JIS と呼ばれる．

h. EUC-JP

EUC（Extended UNIX Code）は，UNIX で多言語に対応するために制定されたエンコーディング方式で，ISO-2022-JP と同じように ISO/IEC 2022 に準拠している．日本語版は EUC-JP と呼ばれ，以下の文字集合をサポートしている．

   ASCII
   JIS X 0201：　いわゆる半角英数字，半角カナ
   JIS X 0208：　いわゆる全角の文字
   JIS X 0213：　補助漢字

i. UCS と Unicode

UCS（Universal Coded Character Set：別名 ISO/IEC 10646）と Unicode は，ともに世界中の文字を 1 つの文字集合（JIS の文字集合とは別のもの）で表現しようという規格で互換性が高い．前者は，ISO（国際標準化機構）と IEC（国際電気標準会議）が共同で制定したもので，日本では JIS X 0221（国際符号化文字集合）として規格化されている．**Unicode** はコンピュータ関連の企業が集まって設立した Unicode Consortium が推進している規格である．エンコード方式も規格化されており，代表的なものとして UTF-8，UTF-16，UTF-32 がある．

このように形の上で 2 種類の異なる規格，そして目的にあわせていくつかのエンコード方式があるが，UCS と Unicode は密接な連携を保って制定が進められており，Unicode は UCS のサブセットと考えてほぼ差し支えない．Windows や macOS，Java，XML では Unicode を標準の文字セットとするなど，PC での実装や規格での採用が進んでいる．

j. 機種依存文字

JIS X 0208 には未定義の番号が残っており，ここに Windows や Mac では，それぞ

れ独自に図形文字を定義して使っており，これを**機種依存文字**と呼んでいる．この問題は，フォントの統一やUnicodeの普及で解決しつつあるが，標準ではないコードの文字を使用すると自分が書いたとおりに相手に見えないことがあることには注意しなければならない．

k. 半角カタカナ

電子メールを送る際は7ビットコードであるISO-2022-JPでコード化することが多い．ISO-2022-JPは電子メールの転送のプロトコルであるSMTPが7ビットしかサポートしてない背景のもとで登場した経緯があり，JIS X 0201のいわゆる**半角カタカナ**（8ビット）の使用を禁じている．

ところが，WindowsやMacではShift-JISで文章を作成することがあるため，JIS X 0201で8ビットで定義されているいわゆる半角カタカナを使うことがある．電子メールの発送に際しては，メーラー（電子メールの管理ソフト）がコードを自動的に変換して送るが，なかにはJIS X 0201の8ビットの半角カタカナもそのまま送るメーラーもある．しかし，受け手側では半角カタカナが読めなかったり文字化けしたりすることがあるので，半角カタカナを使わないよう利用者が注意する必要がある．

10.5 画像，音声，動画の表現方法

ここまで，数と文字を2進数を使ってどう表現するかみてきた．このほかにコンピュータは画像や音なども扱う．ここでは，ディスプレイに写すイメージをどう表現すればよいかについて考えてみる．

ディスプレイに写す像は，縦横等間隔の画素と呼ばれる小さな点が集まってできている．1つ1つの点を，画素の英語picture elementを略してpixcelと呼ぶ（dotともいう）．1つのpixcelは，光の3原色である赤，緑，青の点からできているので（虫メガネでディスプレイを覗いてみるとよくわかる），色はそれぞれの明るさで表す．それぞれの色に8ビットずつ割り当て，各色を256階調で表せば，計24ビットで16,777,216色を表せることになり，人間が識別できる以上の十分な数の色を表示することができる．これを**トゥルーカラー**（True Color）と呼んでいる．

トゥルーカラーの色情報は，赤，緑，青の明るさの順に16進表示で表すことが多く，16進表示と色の対応は，例えば表10.6のようになる．1点に3バイトを使うと1枚の画像ファイルの大きさが膨大になるので，通常は「圧縮」を行う．圧縮した画像を元の画像に完全に戻せる場合を可逆，そうではない場合を非可逆と呼ぶ．

表 10.6 色（True Color）の16進表示の例

000000	黒
FF0000	赤
00FF00	緑
0000FF	青
FFFF00	黄
FF00FF	紫
00FFFF	水色
FFFFFF	白

表10.7 画像, 音声, 動画の規格

種類	規格	特徴
静止画像	BMP	・Windows の標準の画像形式. 通常, 圧縮をしないのでファイルサイズは大きくなる.
	JPEG	・Joint Photographic Experts Group の略. ・トゥルーカラーを扱うことができる. ・圧縮を行うが, 元の画像に完全に戻すことはできない (非可逆). ・写真の保存に向いており, デジカメのファイル保存形式として使われている.
	GIF	・Graphics Interchange Format の略. ・最大8ビットを使って256色まで表すことができる. 可逆圧縮を行う. ・イラストやアイコン, ボタンなどに向いている. ・パラパラ漫画のような動画を作ることもできる (animation-GIF).
	PNG	・Portable Network Graphics の略. ・フルカラーも256色も扱うことができる. ・可逆圧縮を行うことができる.
	TIFF	・Tagged Image File Format の略. ・画像だけでなく, 画素のビット長や解像度や圧縮方式などの情報をファイルに記述する. ・異なるシステムやアプリケーション間での画像交換に適しており, 広く利用されている.
音声と音楽	WAV	・Windows の代表的な音声のファイル形式. ・非圧縮なので音質は原音のとおりだが, ファイルサイズは大きめになる.
	MP3	・MPEG Audio Layer3 の略. ・音声の代表的なファイル形式で, 非可逆の圧縮方式. ・圧縮率がよいので, デジタル音楽プレーヤなどで広く用いられている.
	MIDI	・Music Instrument Digital Interface の略. ・音そのものではなく, 音程, 長さ, 強さ, 音色などの音楽演奏データの標準規格. ・再生には別途, 音源が必要.
動画像	AVI	・Audio Visual Interleaved の略. ・Microsoft 社が開発した Windows 用の動画形式.
	MOV	・Mac の標準的な動画像フォーマット. ・Quicktime Player で再生可能.
	MPEG	・動画と音声の符号化の規格制定を行った団体 (Moving Picture Experts Group). ・MPEG が制定したコーデックは, mpeg〜とか Motion〜と呼ばれる. ・テレビ放送や DVD, Blu-ray disc の動画形式として広く使われている.

音の情報の場合も，音の大きさを2進数で表して，一定時間刻みで並べればよいが，全体のデータ量を減らすためにいろいろな規格がある．

表 10.7 は，画像，音声，動画などいわゆるマルチメディアの代表的な規格である．いずれも，ふだんよく目にするものばかりなので名前と特徴を覚えておきたい．

10.6　論理演算と2進数の計算

ここまで，数，文字，画像などさまざまな情報を2進数でどう表現するかという問題を見てきた．コンピュータの目的は情報処理であるから，次に，2進数で表した情報を実際に処理する方法を考えてみよう．

コンピュータにおける情報処理の一番下位の処理対象は，0か1かの1ビットの情報である．2進数の1ビットは，2値という点で，論理学で2つの状態，真（true）か偽（false）かを扱う場合に類似している．実際，論理学の理論は，2進数の演算をする回路を設計するのに直接役立つ．

このため，0か1かの2値の状態を扱う回路のことを**論理回路**と呼んでいる（ディジタル回路ともいう）．論理回路は大きく，**組み合わせ回路**と**順序回路**の2つに分けられる．2進数の足し算をする回路のように，入力の組み合わせで出力が決まるものを組み合わせ回路といい，2ビット（または1ビット）を入力として1ビットの出力をする AND，OR，NOT などの論理素子（後述）を組み合わせて作ることができる．

これに対して，カウンター（数をかぞえる仕掛け）を実現する場合には，これまでの値を記憶しておいて，演算に際しては記憶していた値と入力側からの値の組み合わせで出力を決める必要がある．このような回路を順序回路といい，その設計には論理素子だけでなく1ビットの情報を保持できる記憶素子が必要となる．

以下では，組み合わせ回路の基本を解説する．

10.6.1　命題論理，組み合わせ論理，ブール代数

真か偽かのどちらかに決まる「主張」を命題といい，命題を扱う論理学を命題論理という．例えば，

$P = \{1234 は 3 で割り切れる\}$

は命題であり，その「値」は，

$P = 偽$

となる．命題論理の真と偽を数字の1と0に置き換えたものを組み合わせ論理というが，値が数になったので代数として扱うこともできる．実際，組み合わせ論理は**ブール代数**と呼ばれる代数の理論の最も単純な場合となっており，その理論は組み合わせ回路の設計に直接利用することができる．

さて，ある命題 P の否定を

$\neg P$ と表記し，not P と読む．ここで，真を1，偽を0で表すと，P の否定 $\neg P$ は，右の表で定義できる．これを**真理値表**（truth table）と呼ぶ．

P	$\neg P$
0	1
1	0

命題論理の理論では，どんな論理式も否定，論理積，論理和（それぞれNOT, AND, OR と表記することもある）の3個の演算子の組み合わせで表せることが知られている．ANDは「$X \cap Y$」または「$X \cdot Y$」と表し，X と Y がともに1のときだけ1になる．ORは「$X \cup Y$」または「$X+Y$」と表し，X と Y のどちらかが1であれば1になる．NOTは「$\neg X$」または「$\overline{X}$」のように表し，X が0なら値は1，逆に X が0なら値は1になる．

以上のほかに，NAND, NOR, XORという演算子もよく使われる．表10.8にそれぞれの定義を記した．

表10.8　代表的な論理演算子の真理値表

入力		出力				
		AND	OR	NAND	NOR	XOR
X	Y	$X \cdot Y$	$X+Y$	$\overline{X \cdot Y}$	$\overline{X+Y}$	
0	0	0	0	1	1	0
0	1	0	1	1	0	1
1	0	0	1	1	0	1
1	1	1	1	0	0	0

10.6.2　論理素子（ゲート）

組み合わせ論理の1と0を電圧の高低に対応させたときに，上記の演算子と同じ働きをする回路をトランジスタを組み合わせて作ることができ，これを**論理素子**と呼んでいる．図10.2に，論理素子の慣用的な図記号を示す（正式な図記号はJIS C 0617で定義されている）．

NOT回路，AND回路，OR回路は，否定，論理積，論理和の演算を実現したものである．XORは排他的論理和（exclusive or）といい，X か Y のどちらかが1のときだけ1になる．EORとかEXORと書くこともある．NAND, NORはそれぞれ，AND

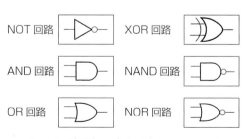

図10.2　論理素子（ゲート）の名前と記号

と OR の否定である．NAND と NOR は，ともにその演算子だけを組み合わせることですべての論理式を表すことができる特別な演算子である．

論理素子を実際につないでみると，論理素子は入力の値によって出力がどうなるかという，門のような働きをしていると見ることができるので，ゲートとも呼ばれている．実際に，図10.2 にあげた論理素子を（たいてい同じものを数個または1個）組み込んだ CMOS や TTL（transistor-transistor logic）と呼ばれる方式の論理集積回路が販売されており（電気街で50円以下で買える），論理回路を自分で作るのに利用することができる．

10.6.3 2進1桁の加算

組み合わせ論理を使って，2進1桁の足し算をするにはどうすればよいか考えてみよう．いま，x, y をそれぞれ2進1桁の数とし，その和を2進数で表したとき一番右の桁を s，2番目の桁を c とする．s は sum（和），c は carry（繰り上がり）の最初の文字である．

$$\begin{array}{r} x \\ +\ y \\ \hline c\ s \end{array}$$

c, s は x, y の関数であるので，その関係を真理値表で書いてみると以下のようになる．

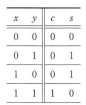 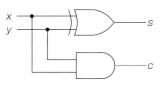

x	y	c	s
0	0	0	0
0	1	0	1
1	0	0	1
1	1	1	0

図 10.3 半加算器の真理値表と論理回路

この表をもとに，c, s を論理式で書くと，

  $c = x$ AND y

  $s = x$ XOR y

となる．2進1桁の数の加算を実際に行わせるには，x, y を入力信号としたときに出力信号 c, s が上の論理式に沿って決まるような回路を作ればよいので，AND ゲートと XOR ゲートを使って図10.3 のような回路を作ればよい．この回路を**半加算器**（half adder）と呼んでいる．

10.6.4 演算回路の設計

では，2進8桁の数の加算をする回路はどうであろうか．1桁目は，半加算器を使え

ばよい．2桁目以降は，それぞれの桁のほかに下の桁からの繰り上がりも足さなくてはいけないので，3入力2出力の回路が必要だが，設計の考え方は同じである．この回路は**全加算器**（full adder）と呼ばれている．半加算器を1個，全加算器を7個並べてつなげば，2進8桁の加算をする回路ができあがる．

コンピュータの中ではこのようにして，トランジスタを使ったゲートを組み合わせて，各種の演算をする回路を実現している．

10.6.5 論理式の演算

論理演算の問題を考えるときの代表的な解法は次の3通りである：
　①論理式の変形，　②真理値表を作る，　③ベン図で考える

論理演算の問題は，論理式を満たすものの集合で考えるとわかりやすくなる．例えば，$X=$「下宿学生」，$Y=$「自転車通学生」，$Z=$「男子学生」とすれば，
　　　$X \cdot Y=$「下宿学生でかつ自転車通学をしている学生」
となる．これを図で表したものがベン図である．ベン図では論理和や論理積を図10.4のように灰色の部分で表すことができる．さらに，例えば $(X+Y) \cdot Z$ であれば
　　　$(X+Y) \cdot Z \Leftrightarrow$「下宿学生または自転車通学生」でかつ「男子学生」
と考えることができる．これを図示すると図10.4（右）のようになる．また，
　　　$X \cdot Z + Y \cdot Z \Leftrightarrow$「下宿学生でかつ男子学生」または「自転車通学生でかつ男子学生」
と考えて図示すると，先ほどと同じ図になるので，2つの論理式が等しいことが確認できる．このように，ベン図を使うとある論理式が別の論理式と等しいかどうかなどを視覚的な手段で判定することができる．

論理式を代数的に変形するときは，以下の計算法則が有用である．とくに最後のド・モルガンの公式は否定を含む論理式を変形するときに便利である．いずれも，
　　①左辺と右辺の式の意味を考える
　　②左辺と右辺の真理値表を作って比較する
　　③左辺と右辺をベン図で表す

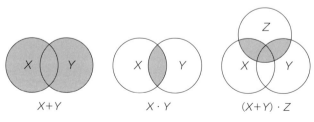

図10.4　ベン図

ことにより，式が成立することを容易に確認することができる．

(1) 交換則 $x+y=y+x$
                $x \cdot y = y \cdot x$

(2) 結合則 $(x+y)+z = x+(y+z)$
                $(x \cdot y) \cdot z = x \cdot (y \cdot z)$

(3) 分配則 $x+(y \cdot z) = (x+y) \cdot (x+z)$
                $x \cdot (y+z) = (x \cdot y) + (x \cdot z)$

(4) べき等則 $x+x=x$
                 $x \cdot x = x$

(5) 吸収則 $x+(x \cdot y) = x$
                $x \cdot (x+y) = x$

(6) 相補則 $x + \bar{x} = 1$
                $x \cdot \bar{x} = 0$

(7) ド・モルガンの公式
$$\overline{x+y} = \bar{x} \cdot \bar{y}$$
$$\overline{x \cdot y} = \bar{x} + \bar{y}$$

●問 10.7 　ド・モルガンの公式を真理値表を用いて証明せよ．

●問 10.8 　ド・モルガンの公式をベン図を用いて証明せよ．

■問題解答

●問 10.1 　次の2進数を10進数に変換せよ．
  (1) 00100011 　$\Rightarrow$ 　$32+2+1=35$，　(2) 00111111 　$\Rightarrow$ 　$32+16+8+4+2+1=63$，
  (3) 01000000 　$\Rightarrow$ 　64

●問 10.2 　次の10進数を2進数に変換せよ．
  (1) 43 　$\Rightarrow$ 　101011，　(2) 55 　$\Rightarrow$ 　110111，　(3) 143 　$\Rightarrow$ 　10001111

●問 10.3 　次の2進小数を10進数で表せ．
  (1) 0.1 　$\Rightarrow$ 　0.5，　(2) 0.1111 　$\Rightarrow$ 　0.9375

●問 10.4 　10進数の0.8を2進小数で表せ．
  0.110011001100....（循環小数）

●問 10.5 　次の2進数を16進数で表せ．
  (1) 00101011 　$\Rightarrow$ 　2B，　(2) 00111111 　$\Rightarrow$ 　3F，　(3) 01000000 　$\Rightarrow$ 　40

●問 10.6 　次の16進数を10進数に変換せよ．
  (1) 10 　$\Rightarrow$ 　16，　(2) 41 　$\Rightarrow$ 　65，　(3) A0 　$\Rightarrow$ 　160，　(4) FF 　$\Rightarrow$ 　255

●問 10.7 　ド・モルガンの公式を真理値表を用いて証明せよ．　$\Rightarrow$ Web付録

●問 10.8 　ド・モルガンの公式をベン図を用いて証明せよ．　$\Rightarrow$ Web付録

11 VBA 入門 (1)

11.1 VBA とは

本章では，Microsoft Office 2016 Excel とプログラミング言語 VBA を使って，マクロと呼ばれる簡単なプログラムを作成できるようになることを目指す．プログラムの基礎知識と，VBA 特有の考え方を，実際にプログラムを作りながら学習する．

11.1.1 VBA の概要

VBA（Visual Basic for Applications）は，Excel などの Microsoft Office アプリケーションを制御または拡張できるプログラミング言語で，Microsoft Office には標準で開発環境が付属している．とくに Excel との相性がよく，Excel に対してユーザが行えることはほぼすべて，またそれ以上のこともでき，高度なデータ処理や計算の自動化などに用いられる．

11.1.2 プログラミングとは

Microsoft Office や Web ブラウザ，メモ帳など，コンピュータ上で使用できるプログラムは，すべて**ソースコード**（ソースまたは**コード**とも呼ばれる）で作られている．ソースコードは人間が書いた文書であり，ソースコードの記述に用いられる言葉のことをプログラミング言語と呼ぶ．プログラミング言語を用いてソースコードを書くことを，プログラミングという．また，プログラミング言語の記述規則のことをシンタックスまたは**構文**や文法などと呼ぶ．

11.2 開発環境の準備

ソースコードを作成するためには，エディタと呼ばれる文字編集ソフトが必要である．VBA のプログラミングは，Microsoft Office に付属する Visual Basic Editor（VBE）を使用する（図 11.1）．本節では VBE の基本的な使い方を説明する．

11.2.1 VBE の起動方法

VBE はすべての Microsoft Office に付属しているため，Office がインストールされ

11.2 開発環境の準備

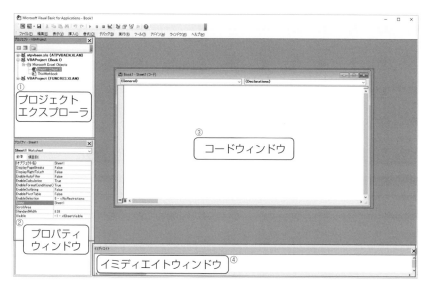

図 11.1 Visual Basic Editor 画面

ていれば新たにインストールする必要はない．本書では Excel から VBE を起動する．主な起動方法は以下の通りである．

① ［開発］タブから
1. ［ファイル］→［オプション］→［リボンのユーザー設定］
2. ［リボンのユーザー設定］→［メイン タブ］下の［開発］チェックボックスをオン（図 11.2）
3. 追加された［開発］タブ →［Visual Basic Editor］（図 11.3）

② ショートカットから
1. [Alt]+[F11]

11.2.2　VBE の画面の構成（図 11.1）

(1) プロジェクトエクスプローラ

プロジェクト（主にソースコードで構成されるプログラムの一番大きな構成単位）をどこに記述するか選択するウィンドウ．ブック（Excel ファイル）とブックに含まれるシートなどが表示される．シートなどのプロジェクトの構成単位のことをモジュールという．

(2) プロパティウィンドウ

プロジェクトエクスプローラで選択したモジュールのもつ特徴などが表示される．

図 11.2 Excel オプション画面

図 11.3 [開発] タブと Visual Basic Editor 起動ボタン

(3) コードウィンドウ

選択したモジュールにコードを記述するウィンドウ．プロジェクトエクスプローラでモジュールをダブルクリックすることで表示できる．

(4) イミディエイトウィンドウ

プログラムから指定した変数や文字などの値を表示できるウィンドウ．主に記録やプログラムの状態確認に使用する．

これらのウィンドウの表示，非表示を切り替えるには表示タブからそれぞれを選択する（図 11.4）．

11.2.3 プログラムの保存

VBA のソースコードは，基本的には作成したブックに保存される．その際，ブックの拡張子を「xlsx」から「xlsm」に変更し，VBA に対応する必要がある（図 11.5）．なお，通常の設定では xlsm ファイルを開いた際に図 11.6 の警告が表示される．プログラムを有効にするには［コンテンツの有効化］ボタンをクリックする．

図 11.4 ［表示］タブのサブメニュー

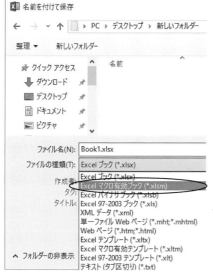

図 11.5 ファイル拡張子は xlsm（マクロ有効）に変更する

図 11.6 コンテンツの有効化

11.3 VBA プログラミング概要

プログラミングは，エディタの機能と連携して行うことがほとんどで，プログラミング言語を理解しているだけでは不十分である．まずは VBE を用いて，どのような流れでプログラミングを行うか，おおまかな概要を学ぶ．

11.3.1 初めてのプログラム

メッセージボックスを使って，「hello world!」と表示することを目指す．まず，コードを記述する**モジュール**を作成する．プロジェクトエクスプローラで，現在開いているブックを選択し，右クリックから［挿入］→［標準モジュール］を選択する（図11.7）．すると開いているブックの下に，「標準モジュール」と「Module1」が追加される（図11.8）．プログラムは，どのモジュールに記述するかによって，動作に違いが生じる．以下では Module1 にコードを記述していく．以後，とくに指定がない場合，標準モジュールに記述する．

VBA のプログラムは関数の集まりとして記述するので，はじめにモジュールに関数を1つ作成する（関数については 11.4.4 項で詳述する）．Module1 を選択し，表示されたコードウィンドウに以下のコードを入力する．

```
sub hello_world
```

正しく記述されていれば，[Enter]を押すと，小文字で入力した sub が Sub に変換され，さらに End Sub が追加され，以下の関数の枠組みが作成される．

図 11.7　標準モジュールの追加

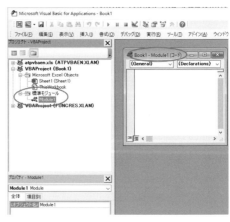

図 11.8　追加されたモジュールと表示されたコードウィンドウ

```
Sub hello_world()
End Sub
```
モジュールには複数の関数を作成でき，関数名を指定することで，どの関数を動かすかを指定できる．上記の関数の場合，関数名は hello_world である．基本的に関数名は自由に決定できる．関数は **Sub** から **End Sub** までの範囲が，上から順に 1 行ずつ動作（**実行**）される．

関数 hello_world() の中に，以下のコードを追加する．
```
msgbox "hello world!"
```
プログラムが正しければ，[Enter] を押すと
```
MsgBox "hello world!"
```
と自動的に編集される．

MsgBox() は，メッセージボックス（図 11.9）に指定した文字を表示する関数である．二重引用符「"」で囲んだ部分（"hello world!"）は文字を表している．

プログラムを記述する場合，以下のように字下げ（**インデントを下げる**）をすると読みやすいコードとなる．
```
Sub hello_world()
      MsgBox "hello world!"
End Sub
```

図 11.9 メッセージボックス

図 11.10 実行ボタン

図 11.11 マクロの選択と実行

図 11.12 実行結果

プログラムができたら次に，実行ボタン（図 11.10）を押すとプログラムを実行できる．ただし，コードウィンドウ上でのカーソルの位置により実行手順に違いがある．**カーソルが実行する関数の中にある場合は，そのまま実行される**．関数の外にカーソルがある場合は，「マクロの選択」から実行する（図 11.11）．エラーなく実行されると，メッセージボックスに hello world! と表示される（図 11.12）．

【演習 11.1】標準モジュールに新しいモジュールを追加し，メッセージボックスに"hello world!"と表示したのち，再び"こんにちは世界！"と表示する関数 `question()` を作成し実行しなさい．

11.3.2 デバッグ方法

VBA によるプログラミングのおおまかな流れは，①モジュールの作成（必要に応じて），②コードの記述（関数作成），③実行，である．しかし，実際にはエラーの発生や目的と違う結果が出ることが多い．その場合，そのプログラムの誤りや原因（バグという）を同定してプログラムを正しく修正する作業，④**デバッグ**が必要となる（図 11.13）．

初学者のプログラムは，さまざまなエラーが頻発し，小規模なコードでもそのまま動作することはほとんどないといってよい．学習初期はバグの発生理由を学ぶことが非常に重要である．デバッグの方法を 2 パターン述べる．

(1) そもそも動かすことができない場合

コードに入力ミスや自動チェックに引っかかる文法上の間違い（シンタックスエラー）があると，コンパイルエラーが発生する．この際，エラーが発生している場所は，強調されてプログラムに通知される（図 11.14）．しかし，強調された場所はバグに関係なく役に立たないこともある．その場合，スペルのミスや入力場所に間違いがないかよく確認する．また，**コメントアウト機能**（機能停止したい 1 行のコードの頭に引用符「'」を入力[*1)]）を使って，一時的にプログラムの一部を止めて，どこでバグが起きているのか同定するのも有効な方法である（表 11.1）．

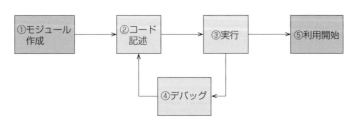

図 11.13　プログラミングの手順

11.3 VBA プログラミング概要

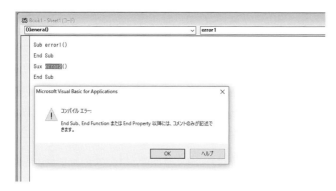

図 11.14 コンパイルエラーのメッセージ

表 11.1 コメントアウト

記号	意味	例	説明
引用符	コードをソースに残したまま機能を停止する	'Dim a As Byte	注釈やメモにも使用できる

```
' コメントアウトは１行のみ有効
Sub comment()
  MsgBox "hello world!"     ' 文字をメッセージボックスに表示する関数
  'MsgBow "hello world!"    ' 入力ミス
End Sub
```

　VBA のコメントアウトは，1 行しかコメント化できない．そのため，複数行のコードをコメントアウトしたい場合，1 行ずつ引用符を追加しなければならない．VBE にはこれを自動で行う機能が備わっている．［表示］→［ツールバー］→［編集］をクリックする（図 11.15）と，編集ツールバーが表示される（図 11.16）．コメントアウトしたいコードの行をドラックなどで選択し，編集ツールバーの［コメントブロック］をクリックすると，選択した範囲に引用符が追加される．元に戻す場合は，コードの範囲を選択して，［非コメントブロック］をクリックする．

　(2) 動かすと途中でエラーが発生する場合

　プログラムを動かすことはできるが，途中でエラーが発生して停止してしまう場合である．一般的にはバグとはこの場合を指す．原因はさまざまなので，プログラムを

[*1)] 行の途中に引用符を入れるとそれ以降はプログラムとは関係のない注釈とみなされる（コメント）．この機能を利用して，コードの中に関数の利用方法や注釈を入れることができる．コメントアウトは，プログラムのコードの一部を一時的にコメント化することで機能しないようにすることである．コメントアウトは引用符（シングルクォーテーション）「'」を使用する．「'」を消せば，すぐに元の状態に戻せるから，デバッグに使用される．

1行ずつ動かしながら動作確認するとよい．

VBAは**ブレークポイント**を設定することで，プログラムを，一時停止することができる（図11.17）．ブレークポイントは，停止したい行でコードウィンドウの左端のインジケーターバーをクリックすると追加できる．ブレークポイントを再度クリックすれば解除できる．ブレークポイントを設定した状態で，プログラムを動かすと，ブレークポイントが黄色く強調され，その部分で一時停止する．変数や配列（後述）にカーソルを合わせると，その値を確認できる．一時停止の状態で［F5］を押すと次のブレークポイントまでプログラムが動く．また，一時停止の状態で［F8］を押すと，1行ずつ動かすことができる．この手順を**ステップイン実行**という．

図 11.15　編集ツールバーの追加

図 11.16　編集ツールバー

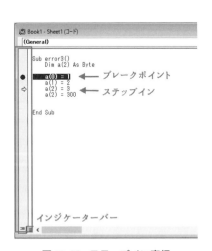

図 11.17　ステップイン実行

図 11.18　イミディエイトウィンドウ

また，変数や配列（11.4, 11.5節）の値は，以下のコマンドを使用することで，ステップイン実行を使わなくてもイミディエイトウィンドウに表示することができる（図 11.18）.

```
Debug.Print 変数名
```

【演習 11.2】以下の関数 stepIn() の3行目にブレークポイントを設置し，ステップイン実行を行いなさい.
```
Sub stepIn()
    MsgBox "hello world!"
    MsgBox "こんにちは"
    MsgBox "世界"
End Sub
```
【演習 11.3】以下の関数 hello_world() のエラー発生場所を確定し，修正しなさい.
```
Sub hello_world()
    MsgBox "hello world!"
    MsgBax "hello world!"
    MzgBox "hello world!"
End Sub
```
【演習 11.4】以下の関数 errorQ() のコマンドを変更し，イミディエイトウィンドウに「hello world!」と表示しなさい.
```
Sub errorQ()
    MsgBox "hello world!"
End Sub
```

11.4 VBAの基本文法

本節ではVBAの基本的な文法について実際にプログラムを作成しながら学ぶ．

プログラムを構成する最も基本的な要素は，**定数**，**変数**，**関数**の3つである．定数とは具体的な数値や文字のことである．変数を使うと，一時的に値を記憶しておくことができる．関数は，値をもとに計算などを行うのに使用する．文法の違いはあるが，定数や変数，関数は，ほとんどのプログラミング言語で共通する基本概念である．そのため，これらの利用方法や動作原理を理解することは非常に重要である．

11.4.1 定数

定数は，計算や処理に使用される数値や文字などのデータそのもののことである．プログラムは，定数を変数に一時的に保存して，変数を介して関数に定数を渡して計算処理を行う．そのため定数は最も基本的で重要な概念である．

a. 2進数

コンピュータが扱うデータは0か1，すなわち2進数である．情報量の単位であるビット（bit）またバイト（Byte）はそれぞれ2進数の1桁と8桁を意味する．例えば10進数では5となる2進数101は，3桁なので3ビットで表せる．3ビットの情報量は，2進数000〜111（10進数0〜7）の8通りの数値を表現できる．コンピュータは，通常8ビット（10進数0〜255，256通り）を基本単位の1バイトとして，情報を扱っている（⇒ 10.1節）．

b. 文字と数値

コンピュータが扱うデータは，ハードウェア上ではすべて2進数で表現されているが，解釈を定義することで，文字と数値を表現することができる．例えば，1バイトのデータ65（10進数）は，数値で解釈すればそのまま65であるが，文字と解釈すると，"A"（ASCIIコード：第5章の章末表）となる．一般に文字データをテキストデータ，2進数の数値データをバイナリデータという．

c. 文字と数値のデータ型

通常，文字に関しては，プログラムでは文字であることを明示すればよいだけである．しかし数値の場合は，コンピュータは有限の数値しか扱えないので，使用目的に応じて，整数，実数，符号の有無，それらの精度，範囲など（これらを**データの型**という）を指定しなければならない．プログラム上でデータの値を直接記述する（これを**リテラル**と呼ぶ）ときは，データ型に合った**リテラル表記**を用いる（表11.2）．VBAでは，文字を表すリテラル表記は二重引用符（ダブルクォーテーション）「"」である．

```
Sub literal1()
  '"テキストデータ"
  MsgBox "こんにちは世界"  '文字データ
End Sub
```

整数値のリテラル表記はそのまま整数値を入力すればよい．

```
Sub literal2()
  1  '整数値
  MsgBox 1  '数値（整数型）
End Sub
```

同様にして実数値のリテラル表記はそのまま実数値（小数点数）を入力すればよい．

```
Sub literal3()
  3.14159265359  '実数値
  MsgBox 3.14159265359  '数値（倍精度浮動小数点数型）
End Sub
```

上記の数値のリテラル表記は，整数か実数かは指定しているが，精度，範囲は指定していない．しかし，データの型としては，整数には整数型（2バイト）だけでなく倍

11.4 VBAの基本文法

表 11.2 基本リテラル

解釈	種類	リテラル表記	例	データの型
文字		"（二重引用符）	"Hello World!"	文字列型
数値	整数	整数値を入力	1	整数型
	実数	小数点数を入力	3.141592	倍精度浮動小数点数型

の範囲を利用できる長精度整数型（4バイト）が，実数には倍精度浮動小数点数型（8バイト）よりも精度の低い単精度浮動小数点数型（4バイト）が存在する．これらも，以下の例のようにリテラル表記によって指定できる[*2]．

```
Sub literal4()
    MsgBox "こんにちは世界"   ' 文字データ
    MsgBox 3%                 ' 数値（整数型）2Byte
                              '%は自動的に省略される
    MsgBox 3&                 ' 数値（長精度整数型）4Byte
    MsgBox 3!                 ' 数値（単精度浮動小数点数型）4Byte
    MsgBox 3#                 ' 数値（倍精度浮動小数点数型）8Byte
                              '3#は3.0を示している
End Sub
```

表 11.3 主なデータ型

解釈		データ型	リテラル表記	例		データサイズ	VBAでの型名
文字		文字列型	"文字列"	"Hello World!"		可変	String
数値	整数	整数型	整数値を入力（もしくは%をつける）	1	(1%)	2バイト	Integer
		長精度整数型	整数値 &	1&		4バイト	Long
	実数	単精度浮動小数点数型	小数値！	3.1415!		4バイト	Single
		倍精度浮動小数点数型	小数値を入力（もしくは#をつける）	3.141592	(3.141592#)	8バイト	Double

---

[*2] これらのデータの型の名前は，VBAではそれぞれ表11.3のように定義されている．VBAで型を指定せず単に数値のみを入力した場合，原則として整数値ではInteger型，実数値ではDouble型と解釈される．ただし，整数値は2バイトのデータサイズを超えた値（−32,768以下，32,767以上）では自動的にLong型となる（この場合「&」は省略される）．また，整数を実数値として扱う場合（例えば，3を3.0として扱う）は，倍精度浮動小数点数型のリテラル表記を用いて3#と表記する．なお，3.0と入力すれば自動で3#に変換される．また，単精度浮動小数点数型で扱いたい場合は3!とする．

d. 四則演算

Excelと同様に +, -, *, / の演算子で四則演算ができる（表11.4）.

```
Sub Operations()          '3# + 4# に自動変換される
  MsgBox 3.0 + 4.0        '足し算           -> 7
  MsgBox 3.0 - 4.0        '引き算           -> -1
  MsgBox 3.0 / 4.0        'わり算           -> 0.75
  MsgBox 3.0 * 4.0        'かけ算           -> 12
  MsgBox 2.5 * 2.5 * 3.14 '3項の演算も可能  -> 19.625
End Sub
```

表11.4 四則演算（数値）

演算	記号（演算子）	例	結果
足し算	+	1 + 2	3
引き算	-	1 - 2	-1
割り算	/	1.0 / 2.0	0.5
掛け算	*	1 * 2	2

e. 文字列型の結合

「&」を使うと，文字列と文字列を結合して新しい文字列を作ることができる（表11.5）.

```
Sub String()
  MsgBox "こんにちは " & " 世界！"      '2つの文字列リテラルの結合
  MsgBox "こん " & " ばん " & " は "    '複数の文字列リテラルの結合
  '数値データと文字列を結合できる.
  'この場合数値データは文字列（数字）に自動変換される.
  MsgBox "気温は " & 32
  MsgBox "体重:" & 55 & "kg"
  MsgBox "身長:" & 170 & "cm"
  MsgBox "BMI:" & 55/1.7/1.7         '計算も可能
                                     '計算結果で得られた数値は文字に自動変換される
End Sub
```

表11.5 文字列結合演算

演算	記号	例	結果（新しい文字列）
結合	&	" こん " & " にちは "	"こんにちは"
		"1" & "2"	"12"
		" 今日は " & 1 & " 日です "	"今日は1日です"

f. 数値と数字

数値を「"」でくくると，数値ではなく文字列（数字）と解釈される．VBAでは + 記号が文字列の結合演算にも使用できるため注意が必要である（表11.6）.

```
Sub value()
  MsgBox 3 + 4              ' 足し算  ->  数値  7
  MsgBox "3" + "4"          ' 結合    ->  文字  "34"
End Sub
```

文字列としての数字と数値は関数 Str(), Val() により相互に変換が可能である.

```
Sub valueChange()
 'Str(数値)  数値を文字列(String)に変換
 'Val(数字)  文字列を数値(Double)に変換

  MsgBox Str( 3 )+Str( 4 )       ' 結合   -> 文字  "34"
  MsgBox Val("3")+Val("4")       ' 足し算 -> 数値  7
End Sub
```

表 11.6 数値と数字の変換

関数	変換	例	結果（新しい文字列/数値）
Str（数値）	数値→数字	Str(2)	"2"
		Str(1.56)	"1.56"
		Str(2.6+4.7)	"7.3"（足し算のあと変換）
Val（数字）	数字→数値	Val("3")	3
		Val("2.45")	2.45
		Val("3"+"4")	34（文字結合したのち変換）

【演習 11.5】単精度の小数点数 4.5 と 6.7 の積を求め, メッセージボックスに表示する関数 Q1() を作成しなさい.

【演習 11.6】半径 4.78 の円の面積を求めたのち, メッセージボックスに結果を表示（数値のみ）する関数 Q2() を作成しなさい.

【演習 11.7】上底 2.7, 下底 6.2, 高さ 3.4 の台形の面積を求めたのち, メッセージボックスに "台形の面積は {面積} です"（{面積} は計算結果）と表示する関数 Q3() を作成しなさい.

11.4.2 変数

変数は, 定数（値）を一時的に記憶（保持）しておく場所のことである. 一般的には, ものを入れておける箱をイメージすることが多い. 例えば, スマートフォンの包装と冷蔵庫の包装では, 使用される箱の大きさ, 強度, 素材などが異なる. 工業製品の包装は, そのモデル専用に作られた型が決まっているだろうから, ある 1 つの包装があるとき, 中に入れることができる製品は包装の型に合うものだけである. そのため, 包装の外観をみればどんな製品が入っているかは中身を見ずともわかるはずであ

る．しかし，シリアル番号などで製品個々の情報までは特定できないので，包装だけを見て色を選んだりすることはできない．

変数も，保持しておく定数の型をもつ．変数の外見から定数の型はわかるが，実際にどのような値が入っているかは，中身を見ないとわからない．一度変数を作れば，型に合う値を何度も出し入れできる．変数を作ることを**宣言**，変数に値を入れることを**代入**，変数に入っている値を読み込むことを**参照**という．また，変数が使用できるプログラム上の範囲を，**変数のスコープ**という．変数の値を保持する機能，それを実現する代入と参照は，プログラムを作成するにあたり非常に重要な役割を担っている．

a. 変数の宣言，代入，参照

変数は，①宣言→②代入→③参照→②と③の繰り返し→④削除の流れで使用される（表11.7）．基本的に変数を宣言した関数が終了すると変数は削除され，変数の値の保持に使われた場所は「解放」される．変数の宣言には，Dim ステートメントを使用する．**ステートメント**とは，制御や宣言のためにプログラミング言語であらかじめ組み込まれている命令のことである．Dim は dimension の略である．変数は以下のように宣言する： Dim 変数名 As 代入する定数の型

```
Sub Variable1()
  Dim a As Integer  '変数の宣言 変数名 a で，代入できる値の型は Integer
End Sub

Sub Variable1()
  Dim a As Integer
  Dim a As Integer  '変数のスコープ内で同じ変数名の変数は宣言できない
  b                 '宣言されてない変数はエラー
End Sub
```

変数を宣言しただけでは空箱が用意されたのと同じで，値を代入しなければならない．変数に初めて値を代入することを**初期化**という．変数への代入は，代入演算子「=」を用いる．代入演算子は，右辺の計算結果を左辺の変数に代入する機能をもつ．VBA の「=」は数学の等号とは意味が異なるので注意する．

```
Sub Variable1()
  Dim a As Integer  '変数の宣言 変数名 a で，代入できる値の型は Integer
  1 + 2             '式を書いただけでは結果の値は保持されない
  a = 3             '値の代入（初期化）．右辺の「3」を左辺の変数「a」に代入する
  a = 4 * 5         '右辺 4 * 5 を計算した結果「20」を，左辺の変数「a」に代入する
  MsgBox a          '変数「a」の値を表示する
End Sub
```

変数に保持されている値を見る，読み込む，取得することを，参照という．変数を参照して別の変数に代入すると，代入された変数の値は変更されるが，元の変数の値は変わらない．

11.4 VBA の基本文法

表 11.7 変数の宣言，代入，参照

意味	構文	例	説明	注意
オプション設定	Option Explicit	`Option Explicit`	変数の宣言を強制する	モジュールにつき一度関数外で指定する
宣言	Dim 変数名 As 型	`Dim a As Integer`	Integer 型の変数 a を宣言する	変数のスコープ内で同じ変数名の変数は宣言できない
代入	変数名 = 値	`a = 1`	変数 a に 1 を代入する	右辺の値が左辺に代入される
	変数名 = 式	`a = 3 * 4`	式を計算し変数 a に 12 を代入する	
参照	変数名	`MsgBox a`	変数 a を参照しメッセージボックスに値を表示する	参照すると変数は代入されている値を返す

```
Sub Variable2()
  Dim a As Integer
  Dim b As Integer, c As Integer   ' 変数「b」，「c」を 1 行で宣言
  a = 3
  b = a           ' 変数「b」に変数「a」の値を代入
  b = 2           ' 変数「b」に新たな値を代入しても変数「a」の値は変化しない
  c = a + 3 * b   ' 変数「a」，「b」の値を元に右辺を計算，結果を変数「c」に代入
  MsgBox c        ' 変数「c」に保持されている値を表示（変数「c」を参照）
End Sub
```

VBA は変数の宣言を行わずとも，暗黙的に変数を宣言する機能が備わっている（Object 型を除く．12 章参照）．一見便利だが，この機能はバグの原因になる上に，デバッグが難しくなるので，暗黙的に変数を宣言する機能は停止させたほうがよい．Option Explicit を指定すると，この機能を停止することができる．モジュールごとに一度指定すればよい．

```
Option Explicit      ' オプションの設定（変数宣言の強制）
Sub Variable1()
  Dim a As Integer   ' 変数の宣言
End Sub
```

【演習 11.8】関数 Q4() を作成し，Q4 関数内で文字列型，整数型，倍精度浮動小数点数型の変数 s,i,d を宣言しなさい．

【演習 11.9】関数 Q4() で宣言した変数 s,i,d にそれぞれ初期値 "1"，2，3.0 を代入しなさい．

【演習 11.10】関数 Q4() で宣言した変数 s の値を数値に変換し，変数 i との和を求め，変数 d に代入しなさい．変数 d の値はメッセージボックスで表示しなさい．

【演習 11.11】以下の関数 Q5() でメッセージボックスに表示される値はいくつか．
```
Sub Q5()
  Dim a As Integer
  a = 1
  a = a + 1
  MsgBox a
End Sub
```

b. 変数の利点

値を保持する機能と，変数名として値を名前で参照できる変数の機能は，プログラムを作成する上で非常に重要である．変数を用いる利点を，定数のみの場合と変数を用いた場合とで比較してみる．

(1) 値の代入と参照

メッセージボックスに 5 回，「hello world!」と表示する関数 Example1() を考える．文字定数のみで変数を使用しない場合，以下のコードとなる．
```
Sub Example1()
  MsgBox "hello world!"
  MsgBox "hello world!"
  MsgBox "hello world!"
  MsgBox "hello world!"
  MsgBox "hello world!"
End Sub
```
一方変数を使用した場合は，以下のコードとなる．
```
Sub Example1()
  Dim a As String
  a = "hello world!"
  MsgBox a
  MsgBox a
  MsgBox a
  MsgBox a
  MsgBox a
End Sub
```
では，関数 Example1() で表示する文字を「hello world!」から「こんにちは世界」に変更したいとする．文字定数のみのコードで MsgBox "hello world!" をすべて MsgBox "こんにちは世界" に変更してもよいが，5 回表示ではなく 100 回，1000 回表示であったら，大変な手間となる．変数を使用していれば，a = "hello world!" の部分を a = "こんにちは世界" に変更するだけでよい．

11.4 VBAの基本文法

```
Sub Example1()
  MsgBox "こんにちは世界"
  MsgBox "こんにちは世界"
  MsgBox "こんにちは世界"
  MsgBox "こんにちは世界"
  MsgBox "こんにちは世界"
End Sub

Sub Example1()
  Dim a As string
  a = "こんにちは世界"
  MsgBox a
  MsgBox a
  MsgBox a
  MsgBox a
  MsgBox a
End Sub
```

両者の違いは，変数を使っているかどうかだけではない．文字定数を使った場合は，関数 Example1() は「こんにちは世界という値を5回表示する関数」であり，関数を実行する前から表示される文字は決定している．一方変数を用いた場合は，関数 Example1() は「変数aを参照し5回表示する関数」であり，特定の値を指定せず，表示される文字は実行時に決定する．そのため，変数の値さえ変更すれば色々な文字列を表示できるので，関数の処理の一般化（汎用化）が可能である．

(2) 変数名

変数は値に名前をつけるために使うこともできる．そのため，値が何の値か（円周率などの定数，身長・体重などの数値の意味，文字列であればタイトルや本文など）という，値に対する意味付けができる．例えば，VBAでは円周率πが定義されていないため，πを用いる計算の際には，そのつど 3.14 といった値を直接使用することになる．半径2の円の面積（$\pi r^2 = \pi \cdot 2^2$）を求める関数 Example2() を以下に示す．

```
Sub Example2()
    Dim answer As Double
    answer=3.14 * 2.0 * 2.0
    MsgBox answer
End Sub
```

では次の関数 Example3 はどのような計算を行っているだろうか．

```
Sub Example3()
    Dim answer As Double
    answer=2.0 * 3.14 * 2.0
    MsgBox answer
End Sub
```

Example2() とまったく同じ計算だが，Example3() は半径2の円の円周（2

$πr=2・π・2$）を求める関数である．関数 Example3() で計算に用いられている 2.0 は，一方が直径を求めるため（半径を 2 倍）の値で，もう一方が半径の値を表している．対して関数 Example2() で用いられている 2.0 はどちらも半径の値である．このように，値がもつ意図や目的がわからないと，計算の目的が不明になる場合がある．このような意図や目的が不明な（しかしプログラムは正常に動作する）値を，**マジックナンバー**と呼ぶ．変数を用いて，関数 Example2() と Example3() を以下のように書き換えると，マジックナンバーをなくすことができる．

```
Sub Example2()
  Dim answer As Double
  Dim pi As Double, radius As Double
                                         ' 円周率，半径用の変数を宣言
  pi = 3.14                              ' 円周率を代入
  radius = 2.0                           ' 半径を代入

  answer = pi * radius * radius          ' 円の面積を求める
    MsgBox answer
End Sub

Sub Example3()
  Dim answer As Double
  Dim pi As Double, radius As Double, diameter As Double
                                         ' 円周率，半径，直径用の変数を宣言
  pi = 3.14                              ' 円周率を代入
  radius = 2.0                           ' 半径を代入
  diameter = radius * 2.0                ' 半径から直径を計算し結果を代入
  answer = pi * diameter                 ' 円周を求める
  MsgBox answer
End Sub
```

使用する値の意味を，意味のわかる名前の変数にすることで，どのような計算を行っている関数なのかがわかる．さらに変数を用いたことで，変数 radius の値を変更すれば，あらゆる半径の円について面積と円周を計算できる関数となった．このように，関数の目的とする処理をわかりやすくするために，さらに計算の一般化（あらゆる半径の円を対象に同じ関数で計算できる）を行うために，変数は有用である．

c. 変数宣言の意味

なぜ変数は宣言という手順が必要なのだろうか．それには，変数がどのように実現されているかが大きく関わる．

プログラムは，PC を構成する RAM，いわゆるメモリに，1 と 0 とでデータとして展開される（図 11.19）．当然，プログラムで使用する変数もメモリ上に存在する．メモリは，データを一時的に記憶する装置である．他のプログラムが多くのメモリ領域を使用し，実行したいプログラムが必要とするメモリ領域が不足していると，実行で

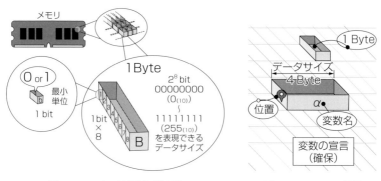

図 11.19 メモリ領域（物理）　　　図 11.20 メモリ領域

きない．もし，メモリ上の同じ場所を他のプログラムと共有して使用すると，どちらかが保存していたデータを書き換えてしまい，データが壊れてしまうからである．

　メモリ領域を，2次元平面でイメージする．1マスを1バイトのデータを保持できるメモリ領域とする（図 11.20）．変数の宣言は，プログラムが使用するメモリ領域を，他のプログラムなどによって書き換えられないよう，メモリ領域の確保を行っている．

　メモリ領域の確保を行うには，確保する場所へのアクセス名と，確保するサイズの2つの情報が必要になる．`Dim Name As Type`と宣言する場合，変数名 Name は確保した場所のアクセス名であり，`As Type`で指定する変数の型は確保するサイズを決定している．確保したサイズ以上の大きさのデータ（定数）はエラーとなり代入できない．例えば Integer 型は2バイトであるから，$(2^8)^2 = 65{,}536$ 段階の数値を表現できる．VBAの Integer 型は正負の符号を含むから，$-32{,}768 \sim 32{,}767$ の範囲の整数値を扱える．これ以上もしくは以下の値はサイズオーバーとなり，代入できない．これを**オーバーフロー**という（図 11.21）．

図 11.21 オーバーフローエラー

```
Sub Variable3()
  Dim a As Integer
  a = 32767           'エラーは生じない
  a = 32768           'オーバーフロー
End Sub
```

【演習 11.12】1バイトのメモリ領域を確保する変数に代入できる最大の整数値はいくつか．

d. 変数のスコープ

変数は一時的に値を保持するメモリ領域である．しかしプログラムのどこからでも変数を参照できるわけではない．変数として確保されたメモリ領域が，変数名を介して参照可能な領域のことを，変数のスコープと呼ぶ．変数のスコープは変数宣言の位置によって決定する．

```
Option Explicit
Sub Scope()              '関数 Scope() のスコープ（スコープ F）開始
    a = 1
        '宣言前は変数を使用できない（エラー：変数定義されていません）
        '変数 a のスコープ外
    Dim a As Integer
        '宣言 変数 a のスコープ（スコープ a）開始
    a = 1
        '宣言後に代入参照可能（変数 a のスコープ内）
        '変数 a のスコープ（スコープ a）終了
End Sub                  '関数 Scope() のスコープ（スコープ F）終了
```

変数 a は関数 Scope() のスコープ（スコープ F）内で宣言されている．この場合，変数 a のスコープ（スコープ a）は関数 Scope() のスコープ F を超えることはできない．変数 a の宣言から，End Sub までの間で変数 a は有効（代入と参照が可能）である．このように関数内で宣言された変数のことを，**ローカル変数**と呼ぶ．ローカル変数は，関数が呼び出されるたびに，宣言と解放を行っている．そのため，変数 a の確保されるメモリ領域の位置は，関数の呼び出しごとに変更される．

```
Option Explicit
Sub Scope()
    Dim a As Integer
    Dim a As Integer         'スコープ内に同じ変数名が存在するためエラー
End Sub
```

すでに述べたように，同じスコープ内で同じ名前の変数は宣言できないが，ローカル変数のスコープは関数のスコープを出ることはないので，別の関数の中で同じ名前の変数を宣言することは可能である．

```
Option Explicit
Sub Scope()
    Dim a As Integer
End Sub

Sub Out_Scope()              '別の関数 Out_Scope() のスコープ
    Dim a As Integer         '同じ名前の変数 a を宣言してもエラーにならない
End Sub
```

どちらの関数でも変数の名前はaであるが，それぞれ別の関数の中で宣言を行っているので，メモリ領域の位置はまったく別であり，名前が同じだけで変数としてはまったく別のものである（図11.22）．

次に，関数のスコープ外に，変数gを宣言する．そして，関数Out_Scope()のスコープ内で変数gを代入・参照する．この場合，エラーは発生しない（代入参照可能である）．

```
Option Explicit
Dim g As Integer
                ' グローバル変数gのスコープ（スコープG）はモジュール全領域

Sub Out_Scope()
        Dim a As Integer
                ' 宣言 変数aのスコープ（スコープa）開始

        g = 3
                ' グローバル変数 変数のスコープはモジュール全体となる．
        MsgBox g
                ' ローカル変数として関数内で同じ名前の変数は宣言できない
                ' （グローバル関数gのスコープ内であるから）
                ' 変数aのスコープ（スコープa）終了
End Sub
```

変数gは**グローバル変数**と呼ばれ，モジュールの全領域で値の代入と取得ができる変数である．スコープが限られるローカル変数に比べ，グローバル変数はスコープに制限がない（図11.23，表11.8）．そのため，一見便利にみえるが，制限なく値の代入ができ，予期せぬ値が代入される場合があるため，一般にグローバル変数の使用は極力避けるべきである．

図11.22　ローカル変数のスコープ範囲（宣言後，宣言した関数内でのみ使用できる）

図 11.23 グローバル変数のスコープ範囲（全関数で使用できる）

表 11.8 変数のスコープ

	変数の宣言場所	例	説明
ローカル変数	関数内	Sub Exp() 　Dim a As Integer End Sub	関数 Exp() の中で使用できる Integer 型の変数 a を宣言
グローバル変数	関数外	Dim a As Integer Sub Exp() 　⋮ End Sub	すべての関数で使用できる Integer 型の変数 a を宣言

【演習 11.13】関数 Q6() を作成し，変数 height，weight を宣言し，それぞれ身長（m），体重（kg）を代入し，変数から求めた BMI を変数 BMI に代入せよ．計算結果はメッセージボックスに "BMI は {数値} です"（{数値} は計算結果）と表示せよ．

11.4.3 変数のデータ型

変数は扱いたい値の使用目的（数値計算か，文字表現か，論理演算かなど）と，その値のとりうる範囲から最適な型を選択する．大は小を兼ねるが，メモリ領域をより多く使用し，また計算量も増加する．しかし現代の PC スペックは，メモリ領域も計算速度も十分であり，整数値には Integer 型，小数点数には Double 型で一般用途であれば問題ない（表 11.9）．

型を指定しないで（省略して）変数を宣言した場合は **Variant 型**となるが，思わぬエラーの原因となるため Variant 型の利用は勧められない．

表 11.9　変数のデータ型一覧

データ型名	データ内容（解釈）	サイズ（バイト）	範囲
Byte	バイト	1	$0 \sim 255$
Integer	整数	2	$-32{,}768 \sim 32{,}767$
Long	長整数	4	$-2{,}147{,}483{,}648 \sim 2{,}147{,}483{,}647$
Single	単精度浮動小数点数	4	$\pm 1.4 \times 10^{-45} \sim \pm 3.4 \times 10^{38}$　(*1)
Double	倍精度浮動小数点数	8	$\pm 4.9 \times 10^{-324} \sim \pm 1.8 \times 10^{308}$　(*2)
Currency	通貨	8	$-922{,}337{,}203{,}685{,}477.5808 \sim 922{,}337{,}203{,}685{,}477.5807$
String	文字列（可変長）	最小 2 〜 最大 2G 程度	文字 "hello"
Boolean	真偽	2	真（True）または偽（False）Integer 型の -1（True）と 0（False）に等しい
Date	日付	8	西暦 100 年 1 月 1 日〜 9999 年 12 月 31 日
Object	オブジェクト参照	4	オブジェクトの参照
Variant	全データ対応	16	可変長

(*1) $-3.4 \times 10^{38} \sim -1.4 \times 10^{-45}$, 0, $1.4 \times 10^{-45} \sim 3.4 \times 10^{38}$
(*2) $-1.8 \times 10^{308} \sim -4.9 \times 10^{-324}$, 0, $4.9 \times 10^{-324} \sim 1.8 \times 10^{308}$

【演習 11.14】 100 点満点の試験の結果を変数に代入したい．最低限必要なサイズのデータ型は何か答えなさい．

【演習 11.15】 Long 型の変数でオーバーフローが発生する最小の正の値を答えなさい．

11.4.4　関数

関数は，目的のための一連の処理をひとまとめにパッケージ化したものである．例えば，`MsgBox` 関数は，文字列をメッセージボックスに表示するという単純な目的で用いられるが，それを実現するための処理は単純ではない．メッセージボックスを表示するという処理だけでも，メッセージボックスの生成（メモリ上），メッセージボックスのサイズ，表示位置の決定，ボタンが押された際の対応などをプログラムする必要がある．このように，関数を使用することで複雑な処理を意識することなく，目的の処理を行うことができる．

a. 引数と戻り値

関数の処理に使用されるデータを**引数**（ひきすう），処理の結果得られたデータを**戻り値**（返り値）という（図11.24）．数学における式 $y=f(x)$ で考えると，$f()$ が関数，関数に与える変数 x が引数，得られた解が戻り値 y だが，プログラムにおける関数では，引数や戻り値は必ずしも数値でなくてもよく，文字列などでもよい．また，引数や戻り値は必ずしも必要ではない．

また，引数と戻り値の定数の受け渡しには変数を用いる．このとき変数は2つの異なる領域間で値をやりとりする箱を用意するイメージである．引数が必要な関数の場合，引数を指定することを，「引数を渡す」もしくは「値を渡す」という．戻り値がある場合は，「戻り値が返る」もしくは「値が返る」という．

b. 関数の種類

関数は大きく分けて2種類に分類できる．
　① 組み込み関数（＋ワークシート関数）
　② ユーザー定義関数

① **組み込み関数**はVBAにあらかじめ用意された関数で，MsgBox関数がこれにあたる（表11.10）．組み込み関数の引数や戻り値，処理の仕様は関数のヘルプから確認できる．Excelのワークシート上で，セルに＝を入力してから使用できるMAX()などの関数をワークシート関数と呼ぶ．

② **ユーザー定義関数**はプログラマが自分で作成した関数である．

c. ユーザー定義関数の作成方法

ユーザ定義関数の作成にはSubステートメントもしくはFunctionステートメ

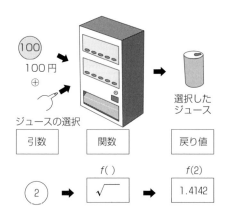

図11.24　引数と戻り値（関数内部の処理は不明である）

表 11.10 組み込み関数

関数	処理	例	説明
型変換			
Val(s)	文字を数値に変換	a = Val("123")	a は数値 123
Str(x)	数値を文字に変換	a = Str(123)	a は文字 "123"
数値計算			
Abs(x)	絶対値	a = Abs(-1.0)	a は 1.0
Sqr(x)	平方根	a = Sqr(4.0)	a は 2.0
Int(x)	整数化（切り捨て）	a = Int(1.5)	a は 1.0
Rnd()	一様乱数	Randomize	Randomize でシード値を初期化
		a = Rnd()	a は 0 〜 1 未満の乱数
その他			
Now()	現在時刻	a = Now()	a は現在時刻

ントを使用する（表 11.11 〜 11.14）．前者は**サブルーチン**，後者は**ファンクション**と呼ばれる．戻り値を使用しない場合は Sub を，戻り値を使用する場合は Function を使用する[*3)]．なお Function は戻り値を設定しないこともできる．ユーザ定義関数はプログラムだけでなく，Excel のワークシート上でも利用することができる．

　ユーザ定義関数の構文は
　　Sub 関数名 (引数)
もしくは
　　Function 関数名 (引数) As 戻り値型
である．引数は変数として定義する．ただし，Dim ステートメントは必要ない．
　　Sub 関数名 (変数名 As 型)
もしくは
　　Function 関数名 (変数名 As 型) As 戻り値型
関数名はなるべく関数の処理内容がわかるように名前をつける．「文字列を引数とする関数 getStr() を宣言する」とすると，以下のようになる．なお引数の変数名は自由に定義できるが，ここでは String の略で str とした．
　　Sub getStr (str As String)
もしくは
　　Function getStr (str As String)
次に，「文字列を引数とし，文字列を返す関数 getStrForStr() を宣言する」と

[*3)] マクロの選択（図 11.11）から実行した関数を実行すると，関数の戻り値を得ることができないので，Function で定義された関数は，マクロの選択から使用することはできない．

表 11.11 関数定義のシンタックス

戻り値			引数なし	引数あり
なし		Sub	Sub 関数名 ()	Sub 関数名 (引数名 As 型)
		Function	Function 関数名 ()	Function 関数名 (引数名 As 型)
あり			Function 関数名 () As 戻り値型	Function 関数名 (引数名 As 型) As 戻り値型

表 11.12 関数定義の例

戻り値			引数なし	引数あり
なし		Sub	Sub abc ()	Sub abc (D As Integer)
		Function	Function abc ()	Function abc (D As Integer)
あり			Function abc () As Integer	Function abc (D As Integer) As Integer

表 11.13 関数定義：複数の引数がある場合（戻り値は複数定義できない）

戻り値			複数の引数	例
なし		Sub	Sub 関数名 (引数名 As 型, 引数名 As 型)	Sub abc (D As Byte, E As Integer)
		Function	Function 関数名 (引数名 As 型, 引数名 As 型)	Function abc (D As Byte, E As Integer)
あり			Function 関数名 (引数名 As 型, 引数名 As 型) As 戻り値型	Function abc (D As Byte, E As Integer) As Integer

表 11.14 関数定義：引数・戻り値の型を省略する場合（引数，戻り値は Variant 型）

戻り値			引数なし	引数あり
なし		Sub	Sub 関数名 ()	Sub 関数名 (引数名)
		Function	Function 関数名 ()	Function 関数名 (引数名)
あり			Function 関数名 ()	Function 関数名 (引数名)

すると，以下のように宣言する．

```
Function getStrForStr (str As String) As String
```

ユーザ定義関数はエラーなく入力されていれば，自動で End Sub または End Function が追加され，関数のスコープが閉じられる．引数のスコープは関数のスコープと同じなので，引数は関数内部であればどこでも参照できる．関数内部では引数と同じ変数名の変数は宣言できない．なお，関数名には組み込み関数などすでに関

数に使用されている名前は使用できない．

戻り値のある関数の場合，その関数の中で戻り値を設定しなければならない．関数 getStrForStr() で，引数に渡された文字列に "hello" を追加して戻り値として返す場合，

```
Function getStrForStr (str As String) As String
    getStrForStr = "hello" & str
End Function
```

となる．関数内部で関数名に対して値を代入することで戻り値を返すことができる．関数名は1つしかないので戻り値も1つしか定義できない．

なお，関数においては引数や戻り値の型を省略しない．基本的には関数内部の処理は隠されているため，引数や戻り値の型は明確に決定したほうがよい．すでに述べたように，Variant 型は使用せず，必ず型を設定する．

d. 関数の使用方法

定義された関数はそのままでは一切処理は行われない．関数を使用するには，MsgBox 関数を使用するように，関数名を指定して実行を命令しなければならない．これを**関数の呼び出し**という．関数を呼び出す方法は複数あり，プログラムのコードで他の関数から呼び出す方法，Excel のワークシート上で直接呼び出す方法，Excel のマクロの実行から直接呼び出す方法などがある．

(1) 他の関数から呼び出す（コード上での利用）

ワークブックに標準モジュールを挿入し，追加された Module のコードウィンドウに関数 showMessage() を以下のように定義する．showMessage() は引数に文字列をとり，メッセージボックスに表示する関数とする．戻り値はない．

```
Sub showMessage(str As string)
    MsgBox(str)
End Sub
```

関数 showMessage() を呼び出す関数 drive() を同じモジュール内に定義する．

```
Sub drive()
End Sub
```

関数 drive() から引数 "test" を渡して関数 showMessage() を呼び出す．関数の呼び出しは以下の例のように3つの方法がある（表 11.15）．関数 drive() を実行すればメッセージボックスに test と3回表示される．

```
Sub drive()
    Call showMessage("test")     'Call ステートメントによる呼び出し
    showMessage ("test")
    showMessage "test"
End Sub
```

この呼び出し方法はユーザ定義関数だけではなく組み込み関数にも使用できる．

表 11.15　戻り値なしの関数呼び出し方法

戻り値なし		引数1つ	複数の引数
呼び出し方法	Call ステートメント	Call 関数名 (引数)	Call 関数名 (引数, 引数)
	Call ステートメントを使わない場合	関数名 (引数)	関数名 (引数, 引数)
		関数名 引数	関数名 引数, 引数

MsgBox 関数も
```
Call MsgBox(str)
MsgBox(str)
MsgBox str
```
のように呼び出すことができる．

　次に戻り値のある関数の呼び出し方法を述べる．

　Module に関数 addMessage() を以下のように定義する．addMessage() は引数に文字列をとり，引数の文字列に新たな文字 "log： " を追加して戻り値として返す関数とする．戻り値の型は文字列になる．

```
Function addMessage(str As string)  As String
   addMessage = "log :" & str
End Function
```

関数 drive2() を定義して，関数 drive2() から引数の文字列 "エラー発生！" を渡して関数 addMessage() を呼び出す．<u>関数の戻り値は呼び出し元の関数で宣言した変数に代入することで取得できる</u>（表 11.16）．

```
Sub drive2()
   Dim msg As String
   msg = addMessage("エラー発生！")
   MsgBox(msg)
End Sub
```

関数 drive2() を実行するとメッセージボックスに "log： エラー発生！" と表示される．プログラムの実行の流れとしては，まず関数 drive2() が実行され，関数 drive2() のスコープ内に入る．次に，文字列型の変数 msg が宣言される．そして，代入演算子を用いて msg に関数 addMessage() の値が代入されるが，このとき右辺が先に計算（実行）される．つまりまず関数 addMessage() に引数 "エラー発生！" を渡して呼び出し，戻り値を変数 msg に代入している．

表 11.16　戻り値ありの関数呼び出し方法

戻り値あり	引数1つ	複数の引数
呼び出し方法	変数 = 関数名 (引数)	変数 = 関数名 (引数, 引数)

Callステートメントを使用すると，戻り値を利用できない．しかし戻り値が定義された関数でも，呼び出し元で戻り値を使用しない場合は，表11.15のような戻り値なしの関数呼び出し方法で呼び出すこともできる．

一般に，プログラムは目的の処理ごとに関数を定義し，また，すでに定義された関数を用いて，それらの関数を組み合わせることで動作する．そのため，ここで紹介した「関数を他の関数から呼び出す方法」は利用機会が多い．さて，定義されただけの関数は実行されないと述べたが，関数Aを動かすためには関数Bが必要となる．関数Bもまた呼び出す関数Cが必要となるはずである．そして関数Cもまた…，といった状態になる．そのため，プログラム実行時に一番はじめに実行される関数はどの関数からも呼び出されない（そのため，戻り値の定義された関数は一番はじめに実行できない）．このように関数から呼び出されない，一番はじめに実行される関数のことを，**エントリーポイント**と呼ぶ．ここまで関数を実行するために実行ボタン（図11.11）を押してきたが，このときはじめに実行される関数がエントリーポイントとなっていた．プログラムを実行するには必ずエントリーポイントが必要である．関数をエントリーポイントとして呼び出す方法を述べる．

(2) Excelのワークシート上で呼び出す方法

Excelはワークシート上のセルに，「=」から入力することで実行できるMAX()やAVERAGE()などの関数が定義されている．これらの関数をワークシート関数と呼ぶ．ワークシート関数と，VBAの組み込み関数は定義されている場所が異なり，それぞれ独立して，ワークシートまたはVBAでのみ直接呼び出すことができる（ワークシート関数を間接的にVBAコードから呼び出す方法もあるがここでは割愛する）．

それに対して，ユーザー定義関数はワークシートから直接呼び出すこともできる[*4]．また，ユーザ定義関数を使う場合は，セルに直接関数を入力して呼び出すので，関数実行後の結果をそのセルに表示する必要がある．つまりワークシートから呼び出せる関数には戻り値が必要なので，Functionステートメントで定義された関数だけがワークシートから呼び出せる．

実際にユーザ定義関数をワークシートから呼び出して，結果をセルに表示してみよう．標準モジュールのModuleに以下の2つの関数を定義する．

```
    Function WSFunc()
```
および
```
    Sub WSSub()
```

[*4] 関数が定義された場所によって制限がある．ユーザー定義関数をワークシートから直接呼び出すには，ワークブックの標準モジュールに定義すればよい．Microsoft Excel Objectsのsheet1やThisWorkbookに定義された関数は，ワークシートから呼び出すことはできない．

また，Microsoft Excel Objects の sheet1 コードウィンドウに以下の関数を定義する．
```
    Function WSFuncsheet1()
```
ワークシートに戻り，適当なセルに "=WS" と入力すると，予測変換で WSFunc() のみ表示されるはずである．次にワークシートから関数を呼び出す．関数 WSFunc() を変更して，半径から円の面積を計算し，結果を返すよう定義する．
```
    Function WSFunc(radius As Double) As Double
        WSFunc = radius * radius * 3.14   '引数を半径とする計算結果を返す
    End Function
```
Double 型は小数点をとることができる数値型である．ワークシートの A1 セルに半径 1 を入力する．A2 セルに "=WSFunc(A1)" と入力する．[Enter] を押すと関数が実行され計算結果が A2 セルに返され，"3.14" と表示される．

(3) Excel の「マクロの実行」から直接呼び出す方法

Excel には，ワークシート上の処理や手順を記録して，それらの手順をプログラムのコード（マクロ）として自動生成する**マクロの記録**という機能が備えられている．この機能は最も簡単な VBA プログラムの作成方法でもある．しかしながら，生成されるコードでは変数が使用されず，具体的な値（マジックナンバー）が使用されるため，汎用性が低く，限られた環境でしか機能しない場合が多い．記録したマクロは，［マクロの選択/実行］ビュー（図 11.11）から実行できる．ユーザー定義関数も同様に［マクロの選択/実行］ビューから実行することができる．

ではプログラムコードであるマクロの中身はどのようになっているだろうか．エントリーポイントとして［マクロの選択/実行］ビューから実行するということは，呼び出し元は引数も渡せないし，戻り値をとることもできないし，おそらく引数も戻り値もない関数として定義されていそうである．

確認してみよう．［開発］タブ→［マクロの記録］をクリックする．「マクロの記録」というビューが表示され，記録されるマクロの名前が確認（変更）できる．マクロ名は Macro1 のままで［OK］をクリックする．すると［開発］タブの［マクロの記録］が［記録終了］に変わる．その状態でワークシート上の適当なセルに適当な値を入力する．［記録終了］をクリックする．［マクロの記録］に変わったことを確認して，［マクロ］をクリックする．すると［マクロの選択/実行］ビューが表示される．表示されるマクロの中に先ほど記録した Macro1 があることを確認する．

では，先ほどセルに入力した適当な値を削除して，［マクロの選択/実行］ビューから Macro1 を選択して実行してみよう．すると再びセルに値が入力されるはずである．これがマクロの記録とその実行である．ワークシート上の複雑な手順もマクロとして記録できる．

では［マクロの選択/実行］ビューを表示し，「編集」をクリックしてみよう．する

とVBEが表示され記録されたマクロのコードが表示される．処理の内容ではなく関数の定義に注目してほしい．

  `Sub Macro1()`

となっているはずである．やはりExcelのマクロは引数も戻り値も定義されていない．またSubステートメントで定義されている．すなわち，Subで定義された引数のない関数である．次に，定義されている場所を確認しよう．コードウィンドウの上部を確認するとModule2（もしくはModule1）と表示されているはずである．プロジェクトエクスプローラでModule2を探すと，標準モジュール内にある．標準モジュールで定義されているが，Subステートメントで定義されているので，ワークシート上から直接呼び出すことはできないことがわかる（Functionではないので）．

 ［マクロの記録］を使わなくてもSubで定義された引数のない関数を定義すればマクロとして実行できるはずである．標準モジュールのModule1に以下の関数を入力する．

```
Sub MCRSub()
Sub MCRSubAGM(value)      '引数あり
Function MCRFunc()
```

［マクロの選択/実行］ビューを表示すると，関数MCRSub()が表示され，他の2つの関数は表示されない．次に，Microsoft Excel Objectsのsheet1コードウィンドウに以下の関数を定義する．

```
Sub MCRObjSub()
Sub MCRObjSubAGM(value)      '引数あり
Function MCRObjFunc()
```

［マクロの選択/実行］ビューを表示すると，関数MCRObjSub()が，

  `Sheet1.MCRObjSub`

と表示され，他の2つの関数は表示されない．ThisWorkbookも同様である．

 さてここまでVBEの実行ボタン（図11.10）を押して関数を実行してきたが，これはマクロの実行を行っていたのである．カーソルが関数のスコープ外にあるとき，［マクロの選択/実行］ビューで表示されたはずであるし，関数のスコープ内にカーソルがあるときは，その関数が引数なしのSub定義の関数でない場合も［マクロの選択/実行］ビュー表示された．以上がエントリーポイントとして関数を呼び出す方法である（表11.17）．関数は，エントリーポイントとして定義するのか，コード上で処理を分けるために定義するのか，つまり，呼び出し元がどこなのか（どう関数を使いたいか）を意識して定義するとよい．

【演習11.16】 整数を渡すと文字を返す関数`intToString()`を定義しなさい．ワークシートから呼び出せること．

表 11.17 関数の定義場所と呼び出し可能な範囲

		関数の呼び出し先			
		エントリーポイント		コード	
		ワークシート	マクロの実行	標準モジュール	Microsoft Excel Objects
関数の定義場所	標準モジュール	Function	引数なしのSub	○	○
	Microsoft Excel Objects	×	引数なしのSub	×（直接は不可）	×（直接は不可）

11.4.5 配列

配列は複数の同じ型の変数をまとめて1つにしたもので，変数が順に並んでいるイメージである．配列のひとつひとつの変数を**要素**と呼ぶ．規則性や関係のある複数のデータを保持するのに役立つ．例えば，音のデータのような時系列の信号や，それだけでなく，単にデータをまとめて扱いたい場合にも使用できる．

また，配列は要素番号を指定することで要素を参照できるので，後述する繰り返し処理（For文）と組み合わせると，PCの計算能力を最大限利用することができる．

配列の宣言は，変数と同じくDimステートメントを使用する（表11.18）．整数型の4つの要素をもつ配列aを宣言するには，以下のようにする．

```
Dim a(3) As Integer
```

変数との違いは，配列名aの後ろに(3)がある点である．配列は要素が順に並んでいるので，番号を振り分けて要素を区別する．この番号を**インデックス**と呼ぶ．一般的に，配列のインデックスは0から始まる．また宣言のa(3)の3という数値は，インデックスの最大値を指定する．そのため，4つの要素をもつ配列を宣言するには，1番目の要素はインデックス0だから，4番目の要素のインデックスである3を指定する．例えば，要素を1つもつ配列bを宣言するには，インデックス0が最大となるので，

```
Dim b(0) As Integer
```

表 11.18 配列の宣言と初期化

	構文	例	説明
宣言のみ	Dim 配列名(最大インデックス) As 型	Dim a(2) As Integer	整数型の要素を3つもつ配列aを宣言
宣言初期化	Dim 配列名(最大インデックス) As 型 = {値, 値, …}	Dim a(2) As Integer = {0, 0, 0}	配列aを宣言し各要素を0で初期化

となる.宣言時の数は,要素の数ではなくインデックスの最大値であることに十分注意する.マクロ実行用の関数variable()を定義し,整数型の4つの要素をもつ配列aを宣言する.

```
Sub variable()
  Dim a(3) As Integer
End Sub
```

値の代入は,「配列名（インデックス）」に代入演算子を使うことで可能である.

```
Sub variable()
  Dim a(3) As Integer
  a(0) = 1
  a(1) = 2
  a(2) = 3
  a(3) = 4
End Sub
```

同様にして値の参照も「配列名（インデックス）」で参照できる.

```
Sub variable()
   Dim a(3) As Integer

  a(0) = 1
  a(1) = 2
  a(2) = 3
  a(3) = 4

  MsgBox a(0)
  MsgBox a(1)
  MsgBox a(2)
  MsgBox a(3)
End Sub
```

配列aの場合,インデックスが-1や,4以上の値を指定してはならない.宣言した範囲以上もしくは以下のインデックスを指定して代入,参照しようとすると,インデックスエラーとなる.また,インデックスは変数で指定することもできる.

【演習11.17】以下の関数でメッセージボックスに表示される数値はいくつになるか.

```
Sub variable()
  Dim a(3) As Integer

  a(0) = 1
  a(1) = 2
  a(2) = 3
  a(3) = 4

  Dim b As Integer
```

```
    b = 1
    MsgBox a(b)

    b = b + 1
    MsgBox a(b)
  End Sub
```

配列の宣言と同時に初期値を代入（初期化）することもできる．このとき，宣言した配列のもつ要素の数と初期値の数が同じでないとエラーになる．

```
  Sub variable()
    Dim a(3) As Integer = {1, 2, 3, 4}
  End Sub
```

配列は，関数の引数と戻り値に設定できる．そのため，基本的に関数は戻り値を1つしか定義できないが，引数を配列にすることで，複数の値を呼び出し元に返すことができる．配列を引数，戻り値とする関数の宣言方法は，引数名もしくは戻り値型に()をつければよい．

```
  Function useVariable( a() As Byte ) As Integer()
```

なお，配列を引数にとる関数では，引数の最大インデックスが不明だが（引数である配列の最大インデックスを関数内部で定義していないため），組み込み関数 UBound() を使用するとインデックスの最大値を取得することができる（表 11.19）．

【演習 11.18】
(1) 整数型の要素を 100 もつ配列 vr を宣言しなさい．
(2) 以下の関数を実行するとメッセージボックスに表示される数値はいくつか．

```
  Sub Q1()
    Dim q(2) As Integer = {1, 2, 3}

    MsgBox q(q(q(0)))
  End Sub
```

表 11.19 配列によく使用する組み込み関数

関数	処理	例	説明
UBound(v)	配列の最大インデックス取得	Dim v(4) As Byte a = UBound(v)	a は 4 配列の大きさ（要素の個数）を知りたい時にも使用できる
LBound(v)	配列の最小インデックス取得	Dim v(4) As Byte a = LBound(v)	a は 0

11.4.6 演算

演算は，定数に対して計算などの処理を行って，解として新たな値を得ることである．演算を行うための記号を**演算子**と呼ぶ．演算子は目的に応じて大まかに4種類に分類できる．演算子は計算の順番（**優先度**）が決まっているので，演算を行う際には注意する．

①算術演算子
②関係演算子
③論理演算子
④文字列演算子

大まかな優先度は 括弧で囲まれた式 ＞ 算術演算子 ＞ 関係演算子 ≧ 文字列演算子 ＞ 論理演算子 となっている．

(1) 算術演算子

四則演算など通常の数の計算に使用する．

表 11.20 数の計算に使用する演算子

優先順位	演算子	演算	例	説明
1	^	指数演算	a = b ^ c	b の c 乗
2	-	符号反転	-a	符号を反転
3	*	乗算	a = b * c	
3	/	除算（実数）	a = b / c	浮動小数点数
4	¥	除算（整数）	a = b ¥ c	
5	Mod	余り	a = b Mod c	b / c の余り
6	+	加算	a = b + c	
6	-	減算	a = b - c	

(2) 関係演算子

2つの値を比較するときに使用する．条件式（論理式）を作ることができる．結果は，True（Integer 型の -1）または False（Integer 型の 0）で与えられる．優先度はすべての関係演算子で同じである．なお，「=」は代入演算子と同じ記号を使うので，注意が必要である．

表 11.21 値の比較に使用する演算子

優先順位	演算子	演算	例	説明
8	=	等号	A = B	A と B は等しい
8	<>, ><	不等号	A <> B, A >< B	A と B は異なる
8	<	小さい	A < B	A は B より小さい
8	>	大きい	A > B	A は B より大きい
8	<=	以下	A <= B	A は B 以下
8	>=	以上	A >= B	A は B 以上

(3) 論理演算子

2つ以上の条件式を組み合わせてより複雑な条件式を作るのに利用する．また簡単なビット演算もできる．結果は，関係演算子と同じく True または False になる（⇒ 10.4 節）．

表 11.22　論理演算に使用する演算子

優先順位	演算子	演算	例
9	Not	否定	Not A
10	And	論理積	A And B
11	Or	論理和	A Or B
12	Xor	排他的論理和	A Xor B
13	Eqv	同値	A Eqv B
14	Imp	包含	A Imp B

(4) 文字列演算子

文字列の処理を行うことができる．Like は表 11.24 のワイルドカードを利用して柔軟な比較ができる．

表 11.23　文字に使用する演算子

優先順位	演算子	演算	例	説明
7	&	結合	a = "he" & "llo"	a は "hello" となる
8	Like	文字列が等しい	A Like B	A と B は同じ文字列である

表 11.24　Like 演算子で使用できるワイルドカード

記号	意味	例	結果
?	ある1文字	"abc" Like "a?c"	TRUE
*	ある文字列	"abc" Like "*c"	TRUE
#	1文字の数字	"12-34" Like "##-##"	TRUE

【演習 11.19】以下の条件を演算子を用いて作成しなさい．
(1) 変数 x の値は 3 である
(2) 変数 x の 3 倍の値は 6 以上である
(3) 変数 x の 2 乗と変数 y の 3 倍は等しい
(4) 文字列 s には文字 ab が含まれている
(5) 変数 x の値が 20 以上 50 未満である
(6) 変数 x は 3 の倍数である

11.5 VBAの基本文法2

11.5.1 制御文

関数内の処理は上から順に実行されるが，制御文を用いると目的に応じて実行順序を変更することができる．制御文は，関数内でのみ使用でき，条件分岐（If文）と，繰り返し（For文）とに大別できる．

a. 条件分岐（If文）

If文は条件式を評価して，成立（True，0以外）の場合と不成立（False，0）の場合に実行する処理を指定できる．文法は以下である．

(1) 条件が成立のときのみ処理1を実行する

```
If 条件式 Then
    処理1
End If
```

以下はaが100未満のときに処理を行う例である．

```
Sub control1(a As Integer)
    If a < 100 Then
        MsgBox a & "は100より小さい"
    End If
End Sub
```

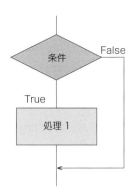

図 11.25 If文フロー (1)

(2) 条件が成立のときに処理1を，不成立なら処理2を実行する

```
If 条件式 Then
    処理1
Else
    処理2
End If
```

以下はaが100未満のときとそうでないときに処理を分けて行う例である．

```
Sub control2(a As Integer)
    If a < 100 Then
        MsgBox a & "は100より小さい"
    Else
        MsgBox a & "は100以上"
    End If
End Sub
```

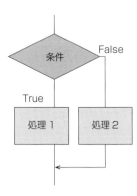

図 11.26 If文フロー (2)

(3) 条件式1が成立の時に処理1を，条件式2が成立なら処理2を，それ以外の場合は処理3を実行する

```
If 条件式1 Then
    処理1
ElseIf 条件式2 Then
    処理2
Else
    処理3
End If
```

以下はaが100未満のときと，そうでなければaが200未満のとき，さらにそうでない場合に処理を分けて行う例である．

```
Sub control3(a As Integer)
 If a < 100 Then
   MsgBox a & "は100より小さい"
 ElseIf a < 200
   MsgBox a & "は100以上で200より小さい"
 Else
   MsgBox a & "は200以上"
 End If
End Sub
```

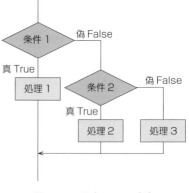

図11.27　If文フロー（3）

If文のスコープはThenからEnd Ifまでである．そのためEnd Ifが記述されていないと，構文エラーとなる．スコープ内ではインデントを下げるとプログラムが読みやすくなる．If文のスコープの中に，さらにIf文を使用することもできる．

b. 繰り返し（For文）

For文は指定した回数だけ処理を繰り返すための制御文である．カウンタと呼ばれる変数をあらかじめ宣言して，1回処理をする度にカウンタの値を増加させて指定した終了値に達するまで処理を繰り返す．

For文もIf文と同様に，ForからNextの間に新たなスコープを作る．このスコープ内の処理を，上から順に繰り返す．For文のスコープ内にさらにFor文を使用できる（多重ループ）．For文は算術計算や配列処理などによく使用される．

表11.25　繰り返し処理

構文	例	説明
Dim カウンタ変数 As 型 For カウンタ変数 = 初期値 To 終了値 Step 増分 　処理 Next（厳密には変数）	Dim i As Integer For i = 0 to 4 　MsgBox "ループ：" & i & '回目' Next（厳密には変数）	カウンタiを宣言し，iが0から4まで5回繰り返しメッセージボックスを表示する．（Stepを省略すると増分は1）

11.5 VBA の基本文法 2

【使用例】

図 11.28 For 文フロー

```
'2.5 から 10.0 まで順に 0.5 ずつ加算する
Dim x As Double
            '小数点数の値を扱うので浮動小数点数型
For x = 2.5 To 10.0 Step 0.5
  MsgBox x  'x の値は 0.5 ずつ加算
Next

'10 から 0 まで順に 1 ずつ減算する
Dim x As Integer   '0 ～ 10 の範囲の値
For x = 10 To 0 Step -1
  MsgBox x  'x の値は順に減算される
Next

'配列の合計値を計算して返す関数 vSum()
Function vSum(datAs() As Integer) As Integer
  Dim i As Integer, sum As Integer   '変数 i と sum を宣言
  sum = 0  '合計値を初期化
'配列の最小インデックスから最大インデックスまで繰り返し(*)
  For i = LBound(datAs) To UBound(datAs)
    sum = sum + datAs(i)  'sum にインデックス i の配列の値を代入
  Next

  vSum = sum  '戻り値の設定
End Function
```

*配列の要素をすべて取得する制御文 For Each 文も存在する.

総合課題 11.1

(1) 直角三角形の斜辺を求める関数 fQ1() を作成しなさい．底辺 a と高さ b の倍精度小数点数を引数にとり，計算結果は戻り値として倍精度小数点数で返すこと．

(2) 任意の配列の平均値を求める関数 fQ2() を作成しなさい．引数には配列 data() をとり，結果を倍精度小数点数で返すこと．

(3) 任意の配列の最小値，最大値を求める関数 fQ3() を作成しなさい．引数には配列 data() をとり，結果を倍精度小数点数の配列で返すこと．

総合課題 11.2

モンテカルロシミュレーションによる円周率を近似する関数 fQ4() を作成しなさい．計算回数 n は引数で指定し，結果を倍精度小数点数で返すこと．

12
VBA 入門（2）Excel を操作する

　ここまで，定数，変数，関数を用いた一般的なプログラミングについて述べてきた．エントリーポイントをマクロの選択から実行したり，引数をシートのセルから直接渡したりと，小規模でシンプルなプログラムを作るには強力なツールとなる．しかし，これらのプログラムは，与えられた値に対して別の値を返しているにすぎず，例えばキーボードで特定のキーが入力されたときに処理を行う，またはあるセルの値が変更されたときにプログラムからセルの色を変更するなど，Excel アプリケーションの機能との連携は行っていない．

　より高度に，そして自由に Excel を扱うには，オブジェクトという概念を学ぶ必要がある．VBA のオブジェクトは基本の値，変数，関数から構成されている．なお，Objective-C や Swift，Java などのいわゆるオブジェクト指向言語のオブジェクトとは性質が異なる（意味が異なる）ので注意する．

12.1　オブジェクト

　VBA におけるオブジェクト**はプログラムから操作する対象のこと**である．Excel アプリケーションで表示されている Book，もしくはワークブック，またはシート 1，さらにシート 1 のある特定のセルなど，Excel ユーザが使用できるほぼすべてがオブジェクトである．プログラムで操作したい対象が，Book そのものか，あるシートのあるセルか，その目的によって扱うオブジェクトは異なってくる．

　"「Book1」の「シート 1」の「セル A1」に値 123 を入力してください"と人が指示されたら，PC から Book1 という名前のファイルを探し，ファイルを開いてシート 1 を選択して，セル A1 をクリックし，123 と打つだろう．Book1 にはシート 1 という名前のシートは 1 つしかないし，シート 1 には A1 というセルは 1 つしかないから，指示どおりに値を入力できる．すなわち，操作対象となるオブジェクトは，ただ 1 つのみ存在する（図 12.1）．

　ただ 1 つ存在するオブジェクトは，定数であるといえる．したがって，オブジェクトを変数に代入したり，複数の変数から 1 つのオブジェクトを参照することもできる．また，変数に代入できるということは，型が存在するということである．例えば，セル A1 とセル B1 は，A1 に値を代入すれば A1 にのみ値が代入されることからまった

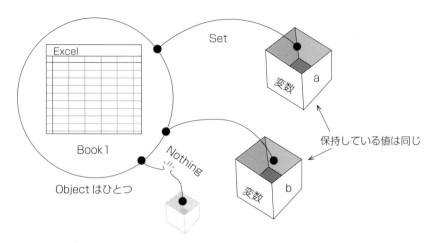

図 12.1 オブジェクトの取得（変数 a, b にはどちらも Book1 オブジェクトが代入されている）

く別のオブジェクトであるといえるが，「セル」としてもつ機能や目的などはまったく同じである．このように，オブジェクトの機能や構造，目的が同じものがオブジェクトの型である．オブジェクトには，3つの機能，プロパティ，メソッド，イベントがある．

12.1.1 プロパティ

プロパティとは，オブジェクトにあらかじめ定義されている変数のことである．あるオブジェクトのプロパティに対して，値を参照したり，代入すること（制限される場合もある）ができる．変数ではなくプロパティと呼ばれるのは，単に値を保持することのみを目的に定義されているわけではなく，オブジェクトの特性を表す特別な変数だからである．例えばシートは，オブジェクトの名前（シート1）や，背景色，各セルの高さ，幅などといった値がプロパティとして定義され，保持されている．これらの値を参照できるだけでなく，値を代入することで，実際に背景色やセルの大きさを変更できる．このような挙動から，プロパティはオブジェクトの属性，性質などとも呼ばれる．なお，オブジェクトも変数に代入できるから，オブジェクトをプロパティとしてもつこともできる．例えば，シートは，そのシートのセルをプロパティで保持している．

では，実例として Excel アプリケーションの表示サイズをプログラムから変更してみよう．標準モジュールに新たなモジュールを追加し，以下のコードを入力する．

```
Sub AppViewChange()
  Dim app As Application    'Application 型の変数を宣言
  Set app = Application()
              'Application オブジェクトを取得し変数 app に代入
     (上記の型と同じ Application だがこちらは関数である)
  app.WindowState = xlNormal   ' 画面表示を通常に変更
  app.Width = 300
              'Application オブジェクトのプロパティ Width に値を代入
  app.Height = 300
              'Application オブジェクトのプロパティ Height に値を代入
  Set app = Nothing      ' オブジェクトの使用後は必ず変数の値を空にする
End Sub
```

実行すると Excel ビューのサイズが小さくなる (図12.2). このように, VBA オブジェクトを使用する基本的な流れは, 以下のようにする.

1. 取得したいオブジェクトの型で変数を宣言する
2. オブジェクトを取得し, 宣言した変数に代入する
3. 変数からオブジェクトを参照し, プロパティの値を参照・代入する
4. 変数の値を空にする (解放)

そのため, VBA オブジェクトを使用するには, そのオブジェクトに特有な ①オブジェクトの型, ②オブジェクトの取得方法, ③オブジェクトのもつプロパティを知る必要がある (表12.1, 表12.2).

図 12.2 ウィンドウサイズ変更の実行結果 (幅と高さをコードから変更)

オブジェクトを変数に代入するには, **Set ステートメント**を使用する. Set によって, 1つしか存在しないオブジェクトと変数が紐付けされ, 変数を参照すると, 間接的にオブジェクトを参照できるようになる. ただし, 使用後は必ず変数に Set ステートメントを使用して Nothing を代入する. これはオブジェクトと変数の紐付けを切る処理で, 必ず行う必要がある.

また, オブジェクトは常に1つなので, オブジェクトを変数に代入しなくとも, プロパティを参照・代入するたびにオブジェクトを取得する方法もある.

```
Sub AppViewChange()
  app.WindowState = xlNormal
  Application().Width = 300
```

12.1 オブジェクト

表 12.1　よく使うオブジェクト

オブジェクト型	内容	取得方法	
Application	Excel アプリケーション	`Application()`	
Workbook	Excel ブック	`.Workbooks("ファイル名")`	
WorkSheet	ワークシート	`.WorkSheets("シート名")`	アクティブなブックのシート
Range	セル	`.Range("セル名")` `.Cells(行, 列)`	アクティブなシートのセル

表 12.2　オブジェクトの基本的な使用手順

内容	コード例	説明
代入する変数を宣言	`Dim obj As Object`	
オブジェクトを取得し代入	`Set obj = Object()`	取得方法はオブジェクトによる
プロパティを参照・代入	`obj.propety`	プロパティはオブジェクトによる変数のように扱える
オブジェクトの解放	`Set obj = Nothing`	必ず解放する

```
    Application().Height = 300
  End Sub
```

シンプルなコードに見えるが，これは処理が簡単だからで，このようなコードは汎用性に劣るため極力避けるべきである．また，一般的に，同じオブジェクトを同じ関数の中で何度も取得するのは避けるべきである．

さて，プロパティへの値の代入は，一度に複数のプロパティを対象に行うことも珍しくない．その場合，`With` ステートメントを使うと，オブジェクト名は最初に 1 回だけ指定すればよいので便利である．関数 `AppViewChange()` を `With` ステートメントを使って書き直すと，以下のようになる．

```
  Sub AppViewChange()
    Dim app As Application
    Set app = Application()
    app.WindowState = xlNormal
    With app
     .Width = 300
     .Height = 300
    End With

    Set app = Nothing
  End Sub
```

WithからEnd Withに囲まれた範囲で，Withの後ろに指定されたオブジェクトのプロパティを，オブジェクト名を指定しないで代入できる．

表 12.3　複数のプロパティに値を代入

構文	例	変数を使用しない例
With オブジェクト 　.プロパティ = 値 　.プロパティ = 値 End With	Dim app As Application Set app = Application() With app 　.Width = 300 　.Height = 300 End With	With Application() 　.Width = 300 　.Height = 300 End With

12.1.2　メソッド

メソッドとは，オブジェクトにあらかじめ定義されている関数のことである．あるオブジェクトに対して，メソッドを指定することでメソッドを実行させることができる．関数ではなくメソッドと呼ばれるのは，メソッドを実行することでオブジェクトの状態を変化させることができるためである．

例えば，ブックを開いたり，保存したり，あるシートを削除したり，といった，データ（値）の処理ではない操作を行うことができる．オブジェクトの取得もメソッドで行う．

メソッドの呼び出しもプロパティの代入参照と同じくドット「.」を使用するため，メソッドなのかプロパティなのかわかりにくいが，メソッドの場合は関数なので，引数が渡されていたり，メソッド名の後にカッコ () が記述されるので区別できる．

12.1.3　イベント

これまで，関数を実行するには，エントリーポイントを指定して実行する必要があった．ところで，オブジェクトの何らかの状態が変更したとき，これを**イベント**と呼ぶ．イベントが発生したときに処理を行いたければ，イベント発生時に呼ばれる関数（**イベントハンドラ**）を定義しておけばよい．これにより，イベント発生時に自動的にイベントハンドラが実行される．

ブックが開かれた際に，メッセージボックスで "Hello!" と表示してみよう．ThisWorkbookモジュールをダブルクリックしてコードウィンドウを表示する．コードウィンドウ上部で，オブジェクトを（General）からWorkbookに変更し，対応するイベント（Open）を選択する．すると関数が自動生成される．これがイベントハンドラである．

```
Private Sub Workbook_Open()
```

この関数内に記述した処理は，イベントを検知した際に自動的に実行される．コードを追加する．
```
Private Sub Workbook_Open()
    MsgBox "Hello!"
End Sub
```
いったんブックを保存（.xlsm 形式）して終了し，再度ブックを開くと，イベントが発生しメッセージボックスに"Hello!"と表示されるはずである．

オブジェクトそれぞれにさまざまなイベントが設定されているので，調べ，試してみるとよい．

12.1.4 セルの操作

Excel はセルを使用してデータの処理を行うソフトウェアなので，VBA からもセルを操作できると，非常に強力なツールとなる．

a. セルの選択

特定のセルのオブジェクトは，WorkSheet オブジェクトのプロパティ Cells() で取得する．アクティブなシートの A1 セルを取得する場合は以下である．

```
Sub obj1()
    ActiveSheet.Cells(1, 1)      'アクティブなシートのA1セルを取得
    'ActiveSheetは省略可能
    Cells(1, 1)                  'アクティブなシートのA1セルを取得
    ' シートを指定する場合
    WorkSheets("Sheet1").Cells(1, 1)
    'アクティブなブックのシート名Sheet1のセル(A1)オブジェクトを取得

    ' 使用例
    ' 変数に代入する場合
    Dim cell As Range            '代入する変数宣言（型はRange）
    Set cell = ActiveSheet.Cells(1, 1)
           'アクティブなシートのセル(A1)オブジェクトを取得

    ' 省略した場合
    Dim cell As Range            '代入する変数宣言
    Set cell = Cells(1, 1)
           'アクティブなシートのセル(A1)オブジェクトを取得
End Sub
```

セルのオブジェクトは，シートのオブジェクトのメソッドで取得できる．シートのオブジェクトは，ブックのオブジェクトで取得できる．さらにブックのオブジェクトは，アプリケーションオブジェクトから取得できる．すなわち正式にアクティブな A1 セルのオブジェクトを取得するには，

```
Application.ActiveWorkbook.ActiveSheet.Cells(1,1)
```

となる．しかし，アクティブなアプリケーション，ブック，シートは省略することができるので，

  `Cells(1,1)`

としてよい．ただし，アクティブな状態であるブックやシートのセルを取得する点に注意する．特定のブックもしくは特定のシートのセルを取得したいなら，オブジェクトを明示してセルを取得する必要がある．上の例では`WorkSheets ("Sheet1").Cells(1, 1)`の行がそれにあたる．

b. セルへの代入参照

セルに入力された値の代入と参照は，`Value`プロパティを使用する．これは変数と同様に扱うことができる．以下に例を示す．

```
Sub obj2()
      ActiveSheet.Cells(1, 1).Value
                        ' アクティブなシートのA1セルの値を代入参照

      Dim cell As Range   ' オブジェクトを代入する変数宣言
      Set cell = ActiveSheet.Cells(1, 1)
                        ' アクティブなシートのセル (A1) オブジェクトを取得

      cell.Value = 1            ' セルに値を代入
      MsgBox cell.Value         ' セルの値を参照

      Dim a As Integer
      a = cell.Value            ' セルの値を参照し変数aに代入
      MsgBox a
End Sub
```

総合課題 12.1

(1) VBAを用いて，Book1が開かれた際に，Sheet1のA1セルに"こんにちは"Sheet2のB1セルに"世界"と入力しなさい．

(2) VBAを用いて，Book1が開かれた際に，Sheet1のA1セルにBook1が開かれた回数を表示しなさい（開くたびに1ずつ増加する）．

以上が，VBAを利用してExcelのデータを処理するための基本である．本格的な処理を行うには覚えなくてはいけないことがまだまだあるが，ここまで述べてきたことがマスターできていれば，後は実際のデータを処理するプログラムを作りながら学んでいけるはずである．Excelはセルごとに計算式を定義するという単純な使い方もあるが，VBAを活用するとどんな高度な計算でも可能な強力なツールに変わる．これまで学んできたことを活用して，自在にデータ処理ができるようになってほしい．

索　引

あ 行

アウトラインペイン　72
アカウント　15
アセンブリ言語　7
圧縮　143
アニメーション　91
アニメーションウィンドウ　92
アプリケーション　5, 127
アンダーフロー　136, 137

イーサネット　124
イーサネットフレーム　127
イベント　194
イベントハンドラ　194
イミディエイトウィンドウ　152
インクジェットプリンタ　2
インターネット　14, 119, 120
インターネット層　126
インターネットモデル　123
インターフェース　5
インタープリタ　8
インデックス　182
インデント　36, 155

ウィンドウ枠　67

エスケープシーケンス　141
エンコーディング方式　139
演算　1, 185
演算子　185
エントリーポイント　179

応用ソフトウェア　5, 6
オートコレクト　25
オートフィルター　61
オーバーフロー　136, 137, 169

か 行

オブジェクト　31, 76, 79, 190
オペレーティングシステム　5, 6

外部記憶装置　4
架空請求　20, 21
拡張子　10
箇条書き　33
箇条書きスライド　77
仮数　136
画素　143
画面切り替え　92
関係演算子　185
関数　54, 159
——の呼び出し　177
関数定義　176

記憶　1
ギガ　132
機械語　7
木構造　11
機種依存文字　143
基数　130
キーボード　1
行　49
行・列・セルの挿入と削除　51
行・列の幅調整　51
キロ　132

区点番号　140
組み合わせ回路　145
組み込み関数　174
クライアント　5, 101, 120
位取り記法　130
グラフ　56
——の挿入　81
グラフスタイル　82

グラフツール　82
グリッド　36
グループ　70
グループ化　87, 105
グローバルIPアドレス　129
グローバル変数　171

蛍光ペン　95
罫線　51
桁　130
ゲート　146
ゲートウェイ　128, 129
検索　30

高水準言語　7
固定小数点表示　136
コード　102, 150
コードウィンドウ　152
コピー　30
コマンドインタープリタ　8
コマンドプロンプト　8, 9
コメント　39
コメントアウト　157
コメントアウト機能　156
コンテンツスライド　76
コンパイラ　7
コンピュータ・ウィルス　20, 22

さ 行

サインビット　135
サーバ　5, 101, 120
サブルーチン　175
算術演算子　185
参照　54, 164
散布図　84
——の作成　59

索引

指数　136
四則演算　53, 162
シート　46
周辺装置　4
十六進コード　140
出力　1
順序　87
順序回路　145
初期化　164
書式　42
書体　28
ショートカット　29
シンタックスエラー　156
真理値表　146, 148

数式　38
数値と数字の変換　163
スクリーンショット　79
図形文字　139, 143
スタイル　42, 109
ステップイン実行　158
ステートメント　164
スプレッドシート　6
スペルチェック　39
スライドペイン　70
スライドマスター　72, 73

制御　1
制御文字　139
整形済みテキスト　106
整数型　160
セクター　4
セグメント　127
絶対参照　55
セル　48
　　――の操作　195
セレクタ　104, 117
全加算器　148
宣言ブロック　104

相対参照　54
ソースコード　150
ソースプログラム　7
ソフトウェア　1

た 行

第1水準　140
第2軸　82
第2水準　140
タイトル　59
タイトルスライド　70, 77
代入　164
タグ　101, 117
縦書き　34
縦軸ラベル　59
タブ　26
単精度　137
単精度浮動小数点数型　161
段落　33

チェーンメール　22
置換　30
チップセット　3
長精度整数型　161

定数　159
ディレクトリ　11-13
ディレクトリサービス　16
ディレクトリ名　101
データ区間　65
デバッグ　156
テラ　132
電子メール　14
テンプレート　26

トゥルーカラー　143
特殊文字　39
ドメインネーム・システム　121
ドメイン名　17, 101, 121, 122
ド・モルガンの公式　149
ドライブ名　11
トラック　4
トランスポート層　126
トロイの木馬　20, 22

な 行

なりすまし　21

日本ネットワークインフォメーションセンター　121
入力　1
ネチケット　19, 20
ネットワークインターフェース層　124
ネットワーク層　124, 126
ネットワーク・リテラシー　14
ノード　120

は 行

倍精度　137
倍精度浮動小数点数型　161
バイト　131
ハイパーテキスト　14
ハイパーリンク　113, 114
配付資料　94
パケット　22, 127
パス名　12
ハードウェア　1
半角カタカナ　143
半加算器　147

光ディスク　4
引数　174
ヒストグラムの作成　65
ビット　131
表　56
　　――の挿入　82

ファイアウォール　22, 127
ファイル　10, 46
ファイル形式　27
ファイルシステム　10
ファームウェア　3
ファンクション　175
フィッシング　20, 21
フィル　50
フィルター　61
フィルハンドル　50
フォルダ　11, 13
複数条件からのデータ抽出　62
符号化文字集合　139
ブック　46
フッター　41

索引

物理アドレス 124, 127
物理層 123
浮動小数点表示 136
プライベート IP アドレス 128
フラッシュメモリ 4
フルカラー 143
ブール代数 145
ブレークポイント 158
プレースホルダー 79
プレゼンテーションソフトウェ
　　ア 69
フレーム 124, 127
プロキシサーバ 128
プログラミング言語 5, 7
プログラム言語 7
プロトコル 17, 100, 101, 122,
　　126, 143
プロパティ 104, 116, 117, 191
文章校正 39
分析ツール 62, 65

ページ区切り 33
ペースト 30
ペタ 132
ヘッダー 41
ベン図 148
変数 159, 163
　　——のスコープ 164, 172
　　——のデータ型 173
変調 123
ペンツール 95

補助記憶装置 4
補数 135
ホスト 120, 122, 128
保存形式 88
ボット 21
ポート番号 126, 127, 129

ま 行

マウス 1
マクロの記録 180
マジックナンバー 168
マスタータイトルの書式設定
　　74
マスターテキストの書式設定

　　74
命題論理 145
メインフレーム 120
メインボード 2
メインメモリ 3
メガ 132
メソッド 194
メーラー 7, 18, 143
メーリングリスト 20
メールアカウント 18
文字コード 138
文字数 39
文字符号化方式 140
モジュール 154
文字列演算子 186
文字列型の結合 162
モデム 124
戻り値 174
モニタ 2
モニタ出力切り替えキー 98

や 行

優先度 185
ユーザインターフェース 8
ユーザ定義関数 174

要素 182
横書き 34
横軸ラベル 59
余白 36

ら 行

リテラル表記 160
リバースプロキシサーバ 128
リボン 26, 70
ルータ 120, 124, 127–129
ルーラー 36

レーザープリンタ 2
レーザーポインタ 95
列 49
連続していない列データ 58

ローカル IP アドレス 129
ローカル変数 170
ログイン 15
論理演算子 186
論理回路 145
論理素子 146, 147

わ 行

ワードプロセッサ 6, 24
ワーム 20

欧 文

1 の補数 135
2 進数 130
2 の補数 135
8 進数 133
16 進数 133

anchor タグ 113
ARP 127
ASCII 138
AVI 144

BIOS 3
BMP 144
body 部 103

CHAR 関数 63
class 属性 109
CPU 3
CSS 102, 103, 116, 117
CUI 8

DHCP 16, 121
DNS 121
DNS サーバ 121, 129

End モード 51
EUC-JP 140, 142

For 文 187, 188
FTP 14, 17, 121

GIF 144
GPU 4
gTLD 122

GUI　8

header 部　103
HTML　14, 16, 23, 100, 117
HTML5　102
HTTP　16, 100

id 属性　109
IEEE 754　137
IF 関数　64
If 文　187
IMAP4　18
IME　24
IP アドレス　17, 121, 122, 124, 127-129
IP パケット　120, 124, 126, 127
ISO-2022-JP　140, 141, 143
ISO/IEC 646　139
ISO/IEC 8859　139

JPEG　144
JPNIC　121, 128

LAN　5, 119, 120, 124, 127
LEFT 関数　63

MAC アドレス　124
Microsoft 数式 3.0　85
Microsoft 数式エディタ　86
MIDDLE 関数　63
MIDI　144
MOV　144

MP3　144
MPEG　144
MUA　18

NAPT　129
NIC　123, 127

Option Explicit　165
OS　6
OSI 参照モデル　123

pixcel　143
PNG　144
POP3　18

RAM　3
RANDBETWEEN 関数　62
RIGHT 関数　63
ROM　3
ROUNDDOWN 関数　64
ROUNDUP 関数　64
ROUND 関数　64

Set ステートメント　192
Shift-JIS　140, 142, 143
SMTP　18, 143
SPAM　21, 22
SSD　5

TCP　126
TCP/IP　126
TCP/IP モデル　123, 124

TCP セグメント　127
TIFF　144

UCS　142
UDP　126
Unicode　142
URL　17, 18
USB メモリ　5

Validator　117, 118
VBA　150
VBE　150
Visual Basic Editor　150
Visual Basic for Applications　150

W3C　102, 112, 117
WAN　119
WAV　144
Web Content Accessibility Guidelines　112
Web サーバ　14, 17, 100, 101
Web ブラウザ　7, 14, 16, 100
Web メール　18
Windows エクスプローラー　8, 9, 10, 12, 13
WWW　16
WWW サーバ　14

y 軸の 2 軸化　58

編著者略歴

鶴田　陽和（つるた　はるかず）

1952年　宮崎県に生まれる
1975年　東京大学工学部計数工学科卒業
1977年　東京大学大学院工学系研究科修了
現　在　北里大学医療衛生学部教授
　　　　博士（医学），修士（工学）

演習でまなぶ情報処理の基礎　　　定価はカバーに表示

2017年4月10日　　初版第1刷

編著者　鶴　田　陽　和
発行者　朝　倉　誠　造
発行所　株式会社　朝　倉　書　店

東京都新宿区新小川町 6-29
郵便番号　162-8707
電　話　03(3260)0141
FAX　03(3260)0180
http://www.asakura.co.jp

〈検印省略〉

© 2017〈無断複写・転載を禁ず〉

新日本印刷・渡辺製本

ISBN 978-4-254-12222-0　C 3041　　Printed in Japan

JCOPY　〈(社)出版者著作権管理機構　委託出版物〉

本書の無断複写は著作権法上での例外を除き禁じられています．複写される場合は，そのつど事前に，(社)出版者著作権管理機構（電話 03-3513-6969，FAX 03-3513-6979，e-mail: info@jcopy.or.jp）の許諾を得てください．

北里大 鶴田陽和著 **すべての医療系学生・研究者に贈る 独習統計学24講** ―医療データの見方・使い方― 12193-3　C3041　　A5判 224頁 本体3200円	医療分野で必須の統計的概念を入門者にも理解できるよう丁寧に解説。高校までの数学のみを用い，プラセボ効果や有病率など身近な話題を通じて，統計学の考え方から研究デザイン，確率分布，推定，検定までを一歩一歩学習する。
北里大 鶴田陽和著 **すべての医療系学生・研究者に贈る 独習統計学応用編24講** ―分割表・回帰分析・ロジスティック回帰― 12217-6　C3041　　A5判 248頁 本体3500円	好評の「独習」テキスト待望の続編。統計学基礎，分割表，回帰分析，ロジスティック回帰の四部構成。前著同様とくに初学者がつまづきやすい点を明解に解説する。豊富な事例と演習問題，計算機の実行で理解を深める。再入門にも好適。
東大 縄田和満著 **Excelによる統計入門** ―Excel 2007対応版― 12172-8　C3041　　A5判 212頁 本体2800円	Excel 2007完全対応。実際の操作を通じて統計学の基礎と解析手法を身につける。〔内容〕Excel入門／表計算／グラフ／データの入力と処理／1次元データ／代表値／2次元データ／マクロとユーザ定義関数／確率分布と乱数／回帰分析他
岡山大 塚本真也・高橋志織著 **学生のための プレゼン上達の方法** ―トレーニングとビジュアル化― 10261-1　C3040　　A5判 164頁 本体2300円	プレゼンテーションを効果的に行うためのポイント・練習法をたくさんの写真や具体例を用いてわかりやすく解説。〔内容〕話すスピード／アイコンタクト／ジェスチャー／原稿作成／ツール／ビジュアル化・デザインなど
核融合科学研 廣岡慶彦著 **理科系のための 実戦英語プレゼンテーション** ［CD付改訂版］ 10265-9　C3040　　A5判 136頁 本体2800円	豊富な実例を駆使してプレゼン英語を解説。質問に答えられないときの切り抜け方など，とっておきのコツも伝授。音読CD付〔内容〕心構え／発表のアウトライン／研究背景・動機の説明／研究方法の説明／結果と考察／質疑応答／重要表現
東電大 石塚正英・黒木朋興編著 **日本語表現力** アカデミック・ライティングのための基礎トレーニング 51049-2　C3081　　A5判 184頁 本体2500円	現代社会で必要とされる，コミュニケーション力や問題解決力などを，日本語表現の土台において身につけていくためのテキスト。文章の構成・書き方を学び，基礎的な用語について理解を深め，実際に文章として書いてみるプロセスを解説。
宮内ミナミ・森本喜一郎著 **情報科学の基礎知識** 12201-5　C3041　　A5判 192頁 本体2200円	コンピュータの構造やしくみ，情報の処理と表現をソフトウェアの役割と方法に重点をおき解説。〔内容〕構成と動作／2進数／負の数／実数と文字／2値の論理／演算と記憶／ソフトウェア／問題解決／データ／処理手順／ネットワーク他
河西宏之・北見憲一・坪井利憲著 **情報ネットワークの仕組みを考える** 12202-2　C3041　　A5判 168頁 本体2500円	情報が送られる／届く仕組みをわかりやすく解説した入門書・教科書。電話や電子メール，インターネットなど身近な例を挙げ，情報ネットワークを初めて学ぶ読者が全体像をつかみながら学べるよう配慮した。
亀山充隆著 **ディジタルコンピューティングシステム** 12207-7　C3041　　A5判 180頁 本体2800円	初学者を対象に，計算機の動作原理の基礎事項をハード寄りに解説。初学者が理解しやすいように論理設計の基礎と本質的概念について可能な限り平易に記述し，具体的構成方法については豊富な応用事例を挙げて説明している。
首都大 福本 聡・首都大 岩崎一彦著 **コンピュータアーキテクチャ**（第2版） 12209-1　C3041　　A5判 208頁 本体2900円	モデルアーキテクチャにCOMET IIを取り上げ，要所ごとに設計例を具体的に示した教科書。初版から文章・図版を改訂し，より明解な記述とした。サポートサイトから授業計画案などの各種資料をダウンロードできる。

上記価格（税別）は 2017 年 3 月現在